한옥의 보전을 통한
문화관광자원으로서의 활용

숙박시설로의 활용을 위한 실내공간 계획안

한옥의 보전을 통한
문화관광자원으로서의 활용

이지연 · 김주아 공저

한국학술정보(주)

한옥의 보전을 통한 문화 관광자원으로의 활용에 관한 연구

-숙박시설로의 활용을 위한 실내공간 계획안-

Preserving the Han-Ok Tradition as a Resource for Cultural and Tourist Attractions.

　본 연구는 주5일 근무제와 수업제 시행과 더불어 늘어날 것으로 전망되는 가족단위의 여행이나 소규모 동아리 모임의 여행자들을 위한 숙박시설로 한옥을 활용하는 방안을 마련하고자 시작하였다.

　한옥은 자연주의적 사상을 바탕으로 조영되는 건축물로 자연을 최대한 훼손하지 않는 범위에서 최대한으로 이용하도록 되어있다. 통풍과 채광 그리고 에너지 활용이 자연적으로 일어나도록 계획되었으며, 한옥의 재료는 자연에서 얻어진 그대로 이용하였고 따라서 허물어 낸다고 해도 다시 자연으로 돌아가거나 재사용할 수 있는 상태이다. 인체치수를 모듈로 하는 인간적인 한옥은 바로 지금 우리가 활발히 연구하는 생태건축·지속가능한 건축으로 보전해야할 충분한 이유가 된다.

　현재 한옥을 숙박시설로 활용하는 경우는 집주인이 자신의 살림집에 여행객을 맞이하는 민박의 형태로 주로 이루어지는데, 이 경우 서구적인 건축물에 어울리는 가구와 설비들이 아무런 고민 없이 실내에 배치되어 한옥과 전혀 어울리지 않고 한옥의 특성을 제대로 살려내지 못하고 있다.

이에 본 연구에서는 한옥을 숙박시설로 사용하는데 있어서 한옥공간의 특성을 살리면서도 사용이 좀 더 편리할 수 있도록 다음과 같은 방안을 제안하는 바이다.

1. 한옥의 '채나눔' 특성을 이용하여 단체모임과 가족모임을 위한 공간을 분리하여 각 단체가 독립된 공간을 사용할 수 있도록 한다.
2. 단체모임의 경우는 한옥체험이라는 목적이 클 것이므로 동선이 조금 불편하여도 전통적인 한옥의 공간을 체험하도록 계획한다.
3. 가족모임의 경우는 한옥체험이라는 목적과 함께 휴양의 목적도 크게 작용하므로, 가족모임을 위한 숙박시설은 편리성도 고려되어야 한다. 따라서 주방과 욕실을 실내공간에 배치한다. 이것은 가족 구성원 중에 어린아이나 노인이 포함될 경우도 고려한 것이며, 숙박객들이 자신의 집에 있는 듯한 느낌으로 요리를 하거나 지낼 수 있도록 하기 위함이다.
4. 한옥은 좌식생활을 기본으로 하지만 현대의 도시인은 좌식생활이 익숙하지 않다. 따라서 한옥을 숙박시설로 활용함에 있어서 좌식생활을 고집할 수만은 없다. 필요에 따라 침대나 소파 등의 가구를 배치하여 외국인이나 일반인이 한옥을 더 가까이 하게 할 수 있다. 이 경우에 가구는 전통과 현대의 조화라는 개념아래 디자인되어야 하며, 입식생활을 기준으로 계획되는 한옥의 실내공간은 방의 면적이나 천장고를 결정하는 데 있어서도 기존 한옥의 결정요인에 따라서 사용자가 실내에서 전통 한옥과 같은 비례감과 여유로움을 느낄 수 있도록 해야 한다.

교통시설과 통신시설의 발달로 인해 세계가 단일 문화가 형성됨과 동시에 다른 나라의 문화에 대한 호기심 증대와 쉬워진 여행은 여행자로 하여금 각 나라의 독특한 문화체험에 대한 욕구를 증대시키고 있다. 우리나라의 독특한 문화이자 건축물인 한옥을 숙박시설로 활용하면, 일반인과 외국인이 그 안에서 잠을 자고 짧은 기간이나마 생활을 해보는 문화체험의 공간이 될 것이다. 또한 그 자체로 문화관광자원으로 활용될 수 있으며, 한옥을 체험함으로써 한옥의 우수함을 느낀다면 한옥이 보전됨과 동시에 더욱 활성화 될 수 있을 것이다.

한옥은 개별 건물도 중요하지만 그 주변의 자연과 주위의 다른 건축물과의 연계성이 더 중요하다고 생각한다. 자연을 되도록 훼손하지 않고 들어서는 건물과 자연을 실내로 끌어들여 하나로 느낄 수 있도록 하는 한옥, 그리고 경사와 담에 의해 형성되는 주변 건물과의 관계성과 자연스럽게 형성된 길 등이 함께 할 때 한옥이 더욱 한옥다운 모습을 가진다고 생각된다.

따라서 한옥을 보전하는 방법으로 개별 건물을 사무실이나 음식점, 갤러리 등으로 사용하는 것보다 하나의 단지를 계획하는 것이 필요하다.

본 연구에서는 한옥을 '채나눔'의 특성을 이용하여 가족이나 소규모 동아리 모임을 위한 숙박시설로 활용하기 위한 실내공간을 제시하였다. 전통과 현대의 조화라는 어려운 과제에 본 연구는 하나의 시도이며, 한옥을 보전하고 한옥마을을 활성화시키는데 도움이 되었으면 한다. 또한 앞으로는 외국의 'PIC'와 같은 리조트 타운이나 호텔단지 등으로의 활용을 위한 한옥단지나 한옥마을 활용과 계획에 관한 연구도 진행되었으면 한다.

■■■ 목 차 ■■■

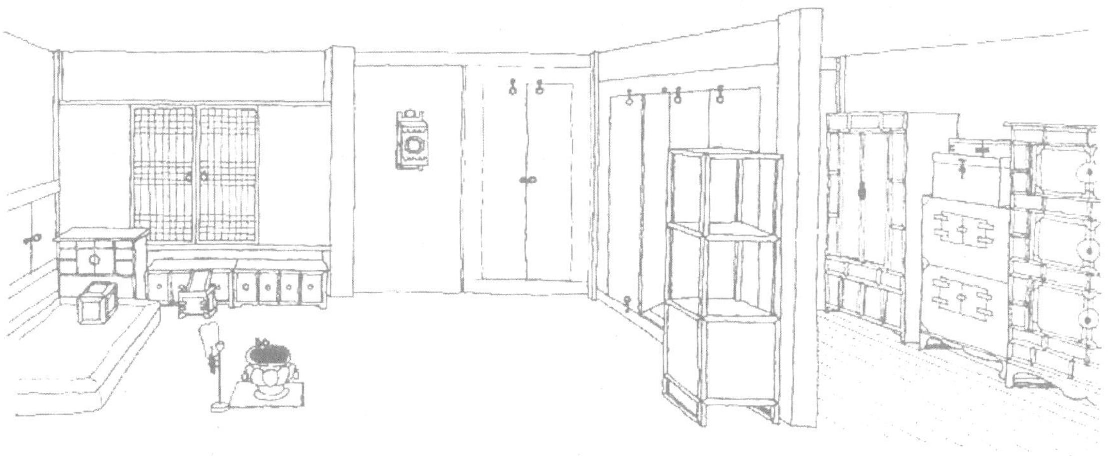

▶　제3장 문화관광자원으로서 한옥의 활용방안 ▸ ▸ ▸ 69

▶ 　제4장 실내계획안　‣　111

제1장 서 론

1. 연구의 배경 및 목적

주5일 근무제가 2003년부터 본격적으로 실시될 예정이며, 주5일 수업제 도입 과 휴가제도의 개선 등으로 국민들의 레저활동은 가족 여행 및 숙박 (宿泊)여행을 중심으로 크게 확대될 것으로 전망된다. 따라서 관광레저업 종은 국내외 여행산업, 콘도미니엄·호텔 등 숙박관련 산업, 대도시와 떨 어져 있는 지역의 리조트산업 등이 활성화될 것으로 기대가 된다[1].

현대적 의미의 관광이란 단순히 자연풍광을 구경하거나 역사적 유물을 둘러보는 정도가 아니라 문화예술활동과 스포츠, 오락 등과 연계된 다양 한 활동지향형·체험지향형·목적지향형의 관광을 의미하는 것이다.[2] 이와 함께 최근에는 가족중심·소그룹 단위의 조용히 쉬고자 하는 휴식문화가 확산되고 있으며, 도시생활에서 벗어나 자연과 접하고자 하는 사람들의 욕구로 인해 고급 민박 시설로서의 펜션(pension)[3]이 늘어나고 있는 실정 이다[4].

그런데 자연을 느낄 수 있게 하는 건축물이라면 서양식 건축물인 펜션 보다 오히려 우리의 한옥이 더 우수하지만, 그 우수함을 체험해 보지 못

---

1) 한국관광신문, 2001년 6월 25일자
2) 차소희, 「전통민속마을 관광상품화 방안」, 한국관광공사, 1998, p.105
3) 사전적 의미: '식사를 제공하는 하숙집 또는 기숙학교'
   현대에는 유럽풍의 별장 / 전원주택 형태의 고급 민박시설을 총칭한다.
4) http://www.mhtk21.com/pensionb03.htm

한 지금 현대를 살아가는 대다수의 도시인들은 한옥의 단점만을 부각시킨 생각들이 굳어져 한옥을 외면하고 있다. 물론 서울의 북촌 한옥마을·안동의 하회마을·경주 양동마을·충남 외암리 마을 등 한옥마을이 현재까지 남아있고, 남산한옥마을을 조성하는 등 한옥을 지키고자 노력하고는 있지만, 그 또한 일반인이 외관을 훑어볼 수 있을 뿐 체험을 할 수 있는 곳은 아니다. 한옥은 외부에서 보아서 그 우수함을 알 수 있는 건축물이 아니다. 내부에서 생활하는 사람을 위한 건축물이며, 내부에서 외부를 바라보는 시점이 우선되어서 계획되는 집이다. 따라서 아무리 많은 한옥마을을 다녀도 한옥의 우수함을 몸으로 느낄 수는 없다.

이에 본 연구는 한옥의 독특한 특성 중 하나인 '채나눔'을 이용하여 가족여행객이나 소규모 모임의 여행객들이 건물 한 채를 빌려서 자신들의 별장처럼 이용할 수 있는 숙박시설로 계획하고자 한다. 이로 인해 한옥 안에서 짧은 기간이나마 잠을 자고 생활을 해 볼 수 있게 함으로써, 한옥의 우수함을 느낄 수 있도록 하여 한옥이 보전됨과 동시에, 나아가서 그 자체로 문화관광자원이 되도록 하여 더욱 활성화될 수 있는 방법을 제시하고자 한다.

2. 연구의 범위와 방법

<본 연구의 전체적인 진행은 다음과 같다.>

제2장에서는 관계자료 및 문헌을 통하여 한옥의 특징 및 우수성·색채의 사용·가구의 배치 특성에 대하여 알아보고 이를 통한 한옥 보전의 필요성에 대하여 정리한다.

제3장에서 문화관광자원에 대한 개념 및 특성을 정리하고 우리나라 고유의 숙박시설에 대해 조사한 후 숙박시설의 관광상품화 방안을 문헌을 통해 정리한다.

또한 외국의 사례조사를 통하여 전통건축물의 관광자원으로의 활용가능성에 대하여 관계자료를 통해 정리한다. 또한 현재 한옥의 활용방법에 대한 사례조사를 통하여 그 문제점을 파악하고 개선방법을 제시한다.

제4장에서는 위의 연구에서 제시한 이론과 고려해야할 사항을 구체적으로 적용하여 온양의 영인산 자연휴양림 입구에 위치한 아산향교를 대상으로 실내공간을 계획한다.

〈표 1−1〉 연구의 흐름도

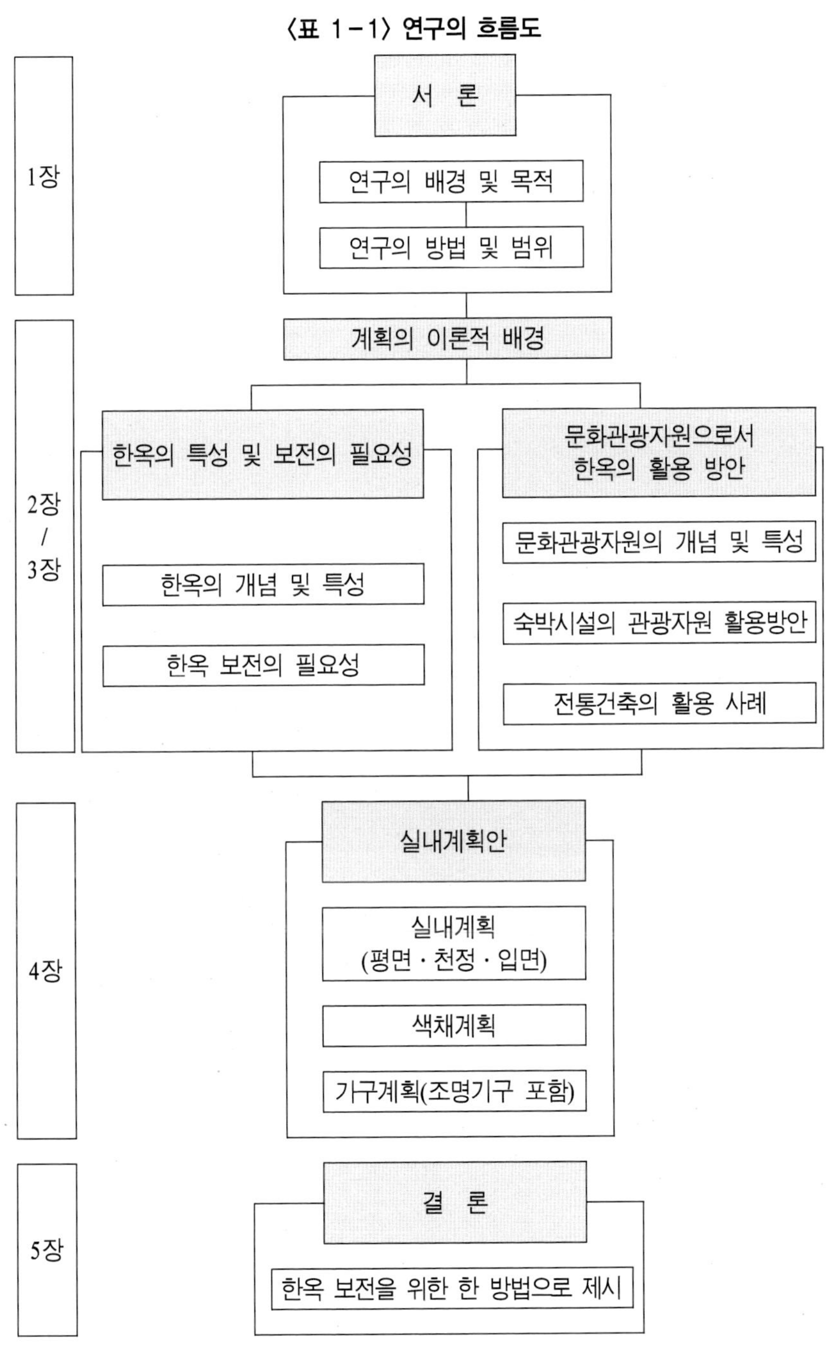
1장
서 론
연구의 배경 및 목적
연구의 방법 및 범위
계획의 이론적 배경
2장 / 3장
한옥의 특성 및 보전의 필요성
한옥의 개념 및 특성
한옥 보전의 필요성
문화관광자원으로서 한옥의 활용 방안
문화관광자원의 개념 및 특성
숙박시설의 관광자원 활용방안
전통건축의 활용 사례
4장
실내계획안
실내계획 (평면·천정·입면)
색채계획
가구계획(조명기구 포함)
5장
결 론
한옥 보전을 위한 한 방법으로 제시

제2장 이론적 배경

1. 한옥의 개념 및 특성

1) 한옥의 개념

한옥의 넓은 의미는 「역대 한국 땅에 지어진 모든 건축물」이나 협의의 개념에서는 「사람이 살림하고 사는 살림집」을 지칭한다. 지금 우리가 흔히 부르는 주택(住宅)이나 주거(住居)의 개념과 같은 단어가 된다.

우리의 '살림집'은 「사람이 삶을 사는 집, 살림을 살기 위해 필요한 시설을 갖춘 건물」이란 내용이 함축된 단어이다. 살림집은 어제에만 있었던 것이 아니고 현대인들도 누구나 오늘의 살림집에서 생활하고 있다. 이는 미래에도 마찬가지이다. 그런데도 '한옥'하면 '고건축'이라는 시각으로 보면서 과거의 건축물로 취급하려는 경향이 농후하다. 이 추세에 따라 한옥도 과거의 살림집 정도로 인식하려는 경향이다.

그러나 안동 하회의 '심원정사'나 강화의 '학사재' 등은 전통적인 법식과 기법에 따라 조영되기는 하지만 건축자재도, 조영하는 도구도, 사용하는 척도도, 공사하고 있는 종사자도 다 현대에 사는 현대인들이고 시설도 최신의 것으로 망라되어 현대인들이 살 수 있는 집으로 건축된 오늘의 현대 건축이다. 즉, 21세기 오늘의 살림집이며 현대의 한옥인 것이다.

이런 관점에서 본다면 '한옥'은 시대에 관계없이 「한국 땅에 순화되도록 지어진 집」에 해당한다고 볼 수 있다.[1)]

2) 한옥 배치의 사상적 배경

건축 표현은 내적 사고의 표현, 즉 인간 자신의 사고 표현의 하나이며, 느끼는 방법의 표출이기 때문에 건축의 영조(營造)원리인 건축사상과 관련을 맺지 않을 수 없다.[2]

(1) 자연주의사상(自然主義思想)

우리의 전통주거건축은 집을 지을 때 자연을 파괴하지 않고 자연의 지형에 따라 지음으로서 자연에 순응 내지 조화하려는 철저한 자연주의적 성격을 갖고 있다. 선사시대의 우리 조상들은 자연을 신비롭고 무한한 가능성을 지닌 것으로 믿어 이들을 숭배의 대상으로 삼아 이로부터 초기의 자연물 숭배사상이 발전되어 신앙이 생겨나게 되었으며, 차차 인지가 발달함에 따라 그 속에 파고들어 '공존의 질서'를 터득하게 되었다.[3]

또한 우리나라의 전원은 사람을 압도하는 풍경이 아니며 일상생활이 자연 속의 모든 것을 직감하게 해주어 자연에 동화되고 순응하는 자세를 가지게 되었으며, 자연 속으로 들어가 자연에 자신을 맞추는 방법을 택해 온 것이다.[4] 즉 자연을 해치지 않고 경외하며 자연과 하나로 융합되는 것을 추구하는 사상을 모든 행위의 기본으로 하였기 때문에 건축을 조영하는 데도 주변 자연에서 동떨어져 인식되어지거나 자연을 파손시키면서까지 지나치게 개발하려 하지 않았다. 오히려 자연에 파묻히고, 자연을 최대한 이용하고 적응하려는 태도로 계획하였다.

---

1) http://www.hanok.org/housestory2.htm
2) 김삼능, "생태적 접근방법에 의한 전통주거 분석과 응용에 관한 연구", 건국대학교 대학원 석사학위 논문, 1992, p.17
3) 민병현, 「한국정원문화—시원과 변천사」, 예경문화사, 1991, p.43
4) 박언곤, 「한국의 정자」, 대원사, 1989, p.89

(2) 음양오행사상(陰陽五行思想)

음양오행설은 天地間에 순환(循環)하며 유전(流轉)하여 정식(定式)하지 않은 水, 木, 火, 土, 金의 다섯 가지 원기에 의하여 만물이 조성된다는 사상이며, 易 사상의 중추적 관념에서 나왔다.5) 하늘과 땅, 남과 여, 해와 달, 명과 암에서와 같은 상대적 대비와 조화의 관념에 근거하여 유래된 사상이 음양사상인 것이다. 「천부경(天符經)」제 2항에 '천일일(天一一), 지일이(地一二), 인일삼(人一三)'이라 명시한 바와 같이 하늘은 양(陽)에 해당되고, 땅은 음(陰)이며, 사람은 중용(中庸)이라 하였다. 이러한 음양사상은 수리와 밀접하게 관련되어 있으며, 특히 '三'의 형상을 풀어보면 음과 양을 함께 지니고 있는 중용의 상태로 三은 무한한 발전을 상징한다.6)

정약용의 복거론(卜居論)에 의하면 만물에는 각기 독특한 氣가 있어 이 氣는 주위의 다른 氣에 영향을 미치는 힘을 갖고 그 氣는 물체의 형태로 파악된다. 氣가 화하여 물을 이루고 기의 물화된 상을 형이라 한다. 예컨대, 지붕은 새의 날개를, 기둥은 동물의 무릎 뼈를, 지붕은 천으로써 양을, 기둥은 지로써 음을 상징하고 공포는 용을 상징하여 중성의 개념이며, 주거의 7舍는 인체로 비유되고 있다.7)

이러한 음양오행사상은 그 지역의 지형을 이용하는데 적용되었고, 음과 양을 건물을 짓는 구법의 원리로 응용하였으며, 건축공간구성의 원리로 이용되었다.

(3) 풍수사상(風水思想)

'風水'란 歲風得水의 준말로 생기가 바람에 의해 흩어짐을 막고 생기

---

5) 최상헌·지영수, "한국 호텔 공용공간 실내디자인의 전통성 수용특성에 관한 연구", 「중앙대학교 환경과학연구 제 7집」, 중앙대학교, 1996, p.171
6) 민병현, 앞의 책, pp.45-50 발췌요약
7) 김준연, "전통사상으로 비추어 본 한국건축표현에 관한 연구", 전남대학교 대학원 석사학위 논문, 1989, p.23

를 얻는다는 것을 뜻하며 山·水·方位가 그 기본을 이루고, 생물이 살고 있는 땅과 인간과의 근원적인 관계를 밝힌 것이다. 山·水·風·光의 상태에 따라 달라지는 氣의 발전양상을 인간의 길(吉)과 흉(凶)에 연결하는 사상이며, 도성·사찰·주택·분묘 등을 축조하는 데 있어 재화(災禍)를 물리치고 행복을 가져오는 지상(地相)을 판단하는 이론이다.[8]

풍수에서 명당, 길지라 일컫는 곳의 내용을 요약하면 산수상보한 조화와 균형의 땅에 사람의 마음을 지각상 포근히 감싸 줄 수 있는 유정한 곳, 속된 기가 흐르지 않는 성소로 정리된다. 풍수의 궁극적 목표는 주어진 우리 국토자연의 지세와 환경을 이해하고 분석함으로써 복리(福利)를 증진시키려는 데 있다. 즉, 풍수지리설은 환경에 대한 도지관, 자연관, 장소관으로 작용하여 자연에 형이상학적인 의미를 부여, 우리 고유의 생태 환경을 훼손하지 않으려는 의도를 가지고 있다고 볼 수 있다.[9]

풍수에 있어서 대표적인 것은 첫째, 바람과 물을 이용해 정기를 찾는 것이다. 집이란 앞에 물이 흐르고 뒤에 산이 있어 배수와 공기의 순환이 잘되어야 한다는 배산임수의 지형을 생활에 적합한 입지조건으로 삼아 왔다. 둘째, 좌향에 관한 것으로 이는 풍수사상에서 매우 중요한 것으로 앉아서 바라본다는 의미를 갖는다. 좌향은 방향과는 다른 개념으로서 한 장소는 수많은 방향을 가질 수 있으나 선호성에 의해 한 좌향만 결정된다. 셋째, 중정형 구조로 마당을 들 수 있다. 풍수지리는 혈과 명당을 중심으로 동서남북 네 방위에 건물을 배치시키는 중정형 공간 유형을 만들었다. 중정형 구조는 겨울에는 햇볕을 잘 받게 하고 공기와 에너지의 보관 및 분배장소이며 여름에는 햇볕을 퇴치시키고 통풍의 원활함을 주기 위한 구조이고 그 건물에 사는 사람들에게 보다 쾌적한 삶을 제공한다.[10]

우리 전통건축에서의 풍수사상은 집터를 고르고 건물의 배치와 향을

---

8) 민병현, 앞의 책, pp.50−51 발췌요약
9) 김삼능, 앞의 책, pp.20−21
10) 한경희·김자경, "자연성에 근거한 전통주거건축의 생태학적 특성과 적용에 관한 연구", 「한국실내디자인학회 학회지」 25호, 2000년 12월, p.238

정하는 일, 그리고 대문과 각 실의 위치 등을 정하는 것 등 거의 모든 과정에 기준이 되었다.

(4) 유교사상(儒敎思想)

공자를 시조로 중국의 政敎一致의 학문을 받드는 유학사상은 仁을 모든 도덕의 최고 이념으로 삼아 修身·齊家·治國의 이룩함을 목표로 하는 일종의 윤리학이다. 유학은 이미 삼국시대 초기에 일반화[11]되었지만 유교사상이 국가적 차원에서 숭상되고 국시의 기본이 된 것은 조선시대에 이르러서였다. 조선시대에는 유교의 이념을 정치뿐만 아니라 가정생활과 사회생활 규범의 원리로 삼았다. 특히 양반에게서 주거란 가정생활 속에서 유교적인 이념과 생활양식을 실천할 수 있는 장소여야 했으므로 유교의 원리인 삼강오륜이 주택건축에 영향을 미치게 되었다. 부모에 효도하고 조상을 숭배하는 일을 모든 사람이 지켜야할 원칙으로 여겨 상류주택에서는 사당을 배치하고 서민들은 제실을 설치하여 사당의 기능을 수행하였다. 또한 남녀유별에 의한 공간분화가 나타나 안채와 사랑채를 따로 두었고, 대가족제도로 인하여 가장을 중심으로 여러 세대가 한 가족을 이루어 자연히 많은 공간이 필요하여 주택은 담으로 둘러싼 여러 개의 채로 구성되었다.[12]

(5) 불교사상(佛敎思想)

동양사회의 핵심적인 종교로 발전하여 온 불교는 고구려 소수림왕 2년(372) 진의 순도와 아도가 불경과 불상을 들여오고 그 후 성문사(省門寺)와 이불난사(伊弗蘭寺)가 창건된 것이 시초이다.[13]

불교의 영향으로 인생은 덧없는 것이고 부귀영화나 생로병사 등에 대

---

11) 민병현, 앞의 책, pp.50−55 발췌요약
12) 박영순 외, 「우리 옛집 이야기」, 열화당, 1998, pp.17−22 발췌요약
13) 민병현, 앞의 책, p.55

한 집착은 헛된 것이며 그저 조용히 체념하고 모든 것을 담담히 받아들이면서 자연을 벗하여 살아가려는 정서가 확산되었다. 이러한 사상에 따라 한 시절 살다가 가버리는 자신을 영원히 이 땅에 남기려는 생각은 물론, 주택을 호화롭게 치장하고 꾸미고자 하는 것은 헛된 일이 될 수밖에 없었으며 자신의 주택을 짓기 위해 자연을 훼손하는 일 또한 불교의 자연애호 사상과도 맞지 않는 것으로 여겼다. 즉 불교의 사상은 자연을 있는 그대로의 모습으로 유지하면서 욕심 없이 조촐한 주택을 짓고 순박하게 자비를 실천하며 사는 것을 당연히 받아들였던 한민족의 기본적인 생활관을 형성하게 된 것이다.[14]

3) 한옥의 공간적 특성

한옥에 있어서 가장 특징적인 것은 북방문화인 온돌과 남방문화인 마루가 하나의 건물에 같이 존재한다는 것이다. 구들 드린 방은 폐쇄성이 강하게, 마루 깐 대청은 훨씬 개방하면서 미묘하게 상호의 장점을 잘 드러내는 것이다.[15]

(1) 구들(온돌)

전통주거공간에서 방은 폐쇄적인 공간으로, 잠을 자고 식사를 하는 공간일 뿐만 아니라 여러 가지 생활 행위가 이루어지는 다용도의 공간이다. 주택의 중요공간인 안방과 사랑방의 크기는 15척(4500㎜)X27척(8100㎜)정도로, 중간에 셋장지문을 달아 분리하기도 하여 방을 여러 개로 사용하기도 하고 분리된 문지방으로 주인의 영역을 확고히 나타내기도 하였다.[16]

---

14) 박영순 외, 앞의 책, p.17
15) 신영훈, "한옥으로의 초대", http://www.hanok.org/housestory2.htm
16) 박영순 외, 앞의 책, p.85

이러한 방의 바닥은 구들로 되어 있으며 장판지로 정결하게 마감되어 있다. 구들은 추운 북방에서 시작된 것으로 주벽난방, 천장난방, 바닥난방 중 사람에게 가장 쾌적한 느낌을 주는 바닥난방시설이다.[17]

구들과 온돌은 같은 것이다. 구들은 우리 민족이 수천 년 간 불러온 순수 우리말 이름이며, 온돌(溫突)은 아직 우리의 문자가 따로 없던 시대에 식자(識者)들이 구들 시설을 글 속에 표현하는 과정에서 생겨난 이름으로 보인다. 민족·국사학자 손진태 선생(1900~?, 6·25때 납북)은 구들의 어원을 '구운 돌'에서 찾고 있으며 '구돌', '구둘' 등으로 변하며 '구들'이라는 이름으로 발전된 것으로 추정한다.[18]

구들은 고구려의 장갱(長坑)이라 불리던 쪽구들에서 유래되었고, 지금과 같은 구조의 구들은 고려시대에도 나타났으나 지금까지 알려진 것의 대부분은 조령원터의 사례를 제외하면 고려시대에도 주류는 쪽구들이었고, 구들방의 정착은 조선시대에 이르러서야 확고하게 된 것으로 보인다.[19]

구들의 구조는 부뚜막과 아궁이 고래와 개자리, 굴뚝으로 되어있으며, 아궁이에서 불을 지피면 그 화기로 부뚜막에서 음식을 조리하고, 불길은 급경사를 이루어 높아지다가 다시 약간 낮아지는 부넘기를 지나 방고래를 핥으며 가다가 고래 끝에 파놓은 개자리에 이르러서 잠시 맴돈다. 부넘기는 불길이 잘 넘어가게 하고 불을 거꾸로 내뱉지 않도록 하는 것이며, 고래의 형태에 따라 연료의 소비량과 실내보온에 영향이 컸다. 개자리는 고래바닥보다 60㎝이상 파 내려가 고래보다 상대적으로 온도가 낮으므로 연기가 잠시 머물면서 냉각되어 그을음이 다 개자리로 떨어지고 맑은 연기만 굴뚝을 통해 나가게 된다. 또한 연기와 함께 열도 머물게 되어 구들의 온기를 더 오래 유지시키는 역할을 한다.[20] 이러한 구들의 고래부분과 아궁이 부분의

---

17) 강민수, "주거실내계획에서 전통성 적용에 관한 분석적 연구", 중앙대학교 건설대학원 석사논문, 1994, p.51
18) http://user.dankook.ac.kr/~gudul/gudul/gudul.htm
19) 신영훈, "집이야기", http://hanok.org/housestory02.htm
    이명신, "한국전통주거에서의 다양한 바닥높낮이에 관한 연구", 단국대학교 대학원 석사학위논문, 1997, p.11

구조적인 높낮이 차는 한국전통주거가 가지고 있는 바닥높낮이를 결정하는 중요한 요소로써 아궁이가 위치하는 부엌은 필연적으로 낮아지게 되었다.

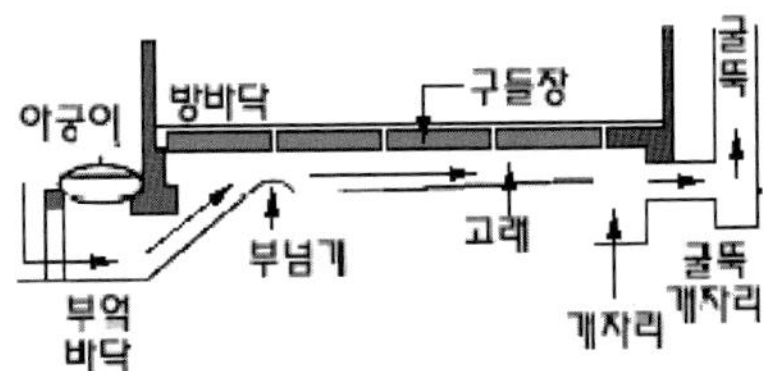

〈그림 2-1〉 구들의 구조

자료: http://www.axisoft.co.kr/qtvr/1f1.htm

구들은 한냉한 동계에는 열을 집중적으로 가함으로써 필요한 양의 충분한 열을 얻고 고온·다습한 하계에는 찬 방바닥을 이용할 수 있는 점 등 한서(寒暑)의 심한 기온차를 동시에 만족시켜준다.[21]

(2) 마 루

건물의 실내 바닥 면에 널을 깐 것을 마루 또는 마룻바닥이라고 한다. '마루'는 '영마루'처럼 높은 곳을 의미하는 단어이다. 지표에 터전을 마련하고 사는 집보다 높은 위치에 살림자리를 두었다는 뜻이다.[22] 마루는 한옥에 있어 남방적인 특성으로 주로 여름에 사용하는 공간이다.

또한 마루는 바깥과 안을 잇는 매개적인 공간이다. 밖에서 방안으로 들어오거나 안에서 밖으로 나갈 때 우리는 반은 방 같고 반은 한데 같은 마루의 양의(兩意)적 공간을 통과하지 않으면 안 된다. 바깥 공간은 개방적이고 그 구조가 모두 노출되어 있는 것이 특색이다. 흙이나 돌, 그리고 뜰의 나무와 같이 자연 그대로의 것으로 꾸며진다. 이와는 달리 내부 공간은 종이나 천 같은 가공적인 소재에 의해서 폐쇄되어 있고 건축 구조물들도 모두 감춰진다. 천장은 완전히 반자로 가려지고, 바닥은 장판지로 덮여 있다. 기둥 역시 도배지로 발라져 보이지 않는다. 마루는 반은 노출되고 반은 은폐되어 있다. 자연과 문화가 접경을 이루는 공간인 것이다.[23]

---

20) 신영훈, 「우리가 정말 알아야 할 우리 한옥」, 현암사, 2000, p.27
21) 이명신, 앞의 책, p.14
22) 신영훈, 앞의 책, p.351

마루는 위치와 구성에 따라 대청(마루), 툇마루, 쪽마루, 뜰마루로 나눌
수 있는데, 대청은 한 집의 중심공간이면서 모든 동선의 중심이기도 하다.
대청마루는 향의 기준이 되고 2칸 내지 3칸으로 만들어진다. 대청은 문으
로 이루어진 공간이라 해도 과언이 아닐 정도로 온돌방과의 사이에는 모
두 들어열개로 된 불발기를 달고, 앞마당 쪽으로는 들어열개로 된 분합문
을, 뒷마당을 향해서는 쌍여닫이를 달아, 경우에 따라서는 완전히 개방된
공간을 만든다.

툇마루는 툇기둥이 나와 있어야 형성되며 툇기둥과 안기둥 사이에 놓
이는 폭이 좁은 마루로 처마 안쪽에 위치하여 실내에 속한다. 쪽마루는
기둥에 끼게 되어 고정된 것이며, 뜰마루는 기둥에 고정됨 없이 이동이
자유로운 마루이다.

구조에 따라서는 크게 우물마루와 장마루로 나눌 수 있다. 우물마루는
상류주택에서 서민주택에 이르기까지 가장 보편적으로 사용되었던 마루구
조로서 주로 대청이나 곳간에 사용되었다. 장마루는 이층마루나 누마루,
그리고 광이나 다락에 주로 깔았던 마루구조로 오늘날에는 우물마루보다
널리 사용되고 있다.[24]

(3) 마 당

마당이란 말은 맛, 맏, 묻과 관련되는 말로 맏-포, 묻-뭍으로 육지와
관련되고 '묻'은 무덤으로 地, 土, 田 즉, 땅의 의미로 사용된다. '당'은
場 즉, 場所의 뜻을 포함하고 있다. 그러므로 마당은 땅에 있는 場所로,
외부공간의 의미를 갖고 있으면서도 장소적 개념뿐만이 아닌 활동과 생활
을 담는 기능의 의미를 내포하고 있다.[25]

마당을 「마」와 「당」으로 다시 나누어 보면, 「마」는 '마님', '마마', '맏

---

23) 이어령, 「한국인의 손, 한국인의 마음」, 도서출판 디자인하우스, 2000, p.77
24) 박영순 외 공저, 앞의 책, p.93
25) 우경국, "조선시대 주택마당에 관한 연구", 「환경과 조경」, 1985, p.89

아들', '맏딸', '마립간' 이라는 말에서 보듯이 <高>의 뜻을 가지고 있으며, '마파람'에서 보이듯이 <南>의 의미도 가지고 있다. 또한 '마수걸이'에서는 「마」가 <初>의 의미도 갖고 있음을 보여준다.

「당」은 마당이 풍수지리설의 명당에 대응되는 공간이라는 점에서 보면 명당의 <堂>이 전용된 말로 생각할 수 있다. 또한 배산임수의 풍수설 기본원리에 의해 명당과 혈(穴)이 산이나 구릉지의 경사지에 형성되어 그 지형에 맞추어 壇을 만들었으며, '단'의 앞에 <마>가 접속됨으로써 <마·단>이 <마·당>으로 변화하였을 가능성도 있다.26)

마당은 정원이나 뜰, 영어의 garden, yard, court 등과는 구별되는 언어로 전통적으로 휴식을 포함한 옥외 주생활 전반이 수용되므로 해서 울타리나 담으로 둘러싸인 외부공간으로 성격이 지워진다.27)

풍수적으로는 양택에서 穴이 본채(마루), 明堂은 마당이 된다. 명당의 원뜻은 '황제가 신하의 참배를 받는 장소'이며, 마찬가지로 풍수에서의 명당도 혈에 대하여 참배하는 곳으로 이해할 수 있다.28) 또 하나의 중요한 원리는 '坐向'이다. '坐向'은 가옥이 앉을 자리와 가옥이 대면하는 외계와의 관계, 즉 인간과 자연과의 관계를 방위로서 설정한 것인데, 일반적으로 집의 좌향을 정할 때는 결국 穴의 중심에 있게 될 坐와 明堂의 중심에 설치될 나반(羅盤)29)이 근거가 된다. 그런데 혈이 명당에 비해 위계가 높다는 것은 부인할 수 없지만, 좌(坐)는 일상적인 주위세계에 의미를 부여함에 있어서는 원점이 되고 중심이 되나, 坐向을 정함에 있어서는 탈중심화 되어 명당의 중심을 근거로 하여 재중심화 된다. 이와 같이 '穴'과 '明堂'은 집의 중심을 정함에 있어서 장소적인 독자성이 뚜렷하며, 위계성은

---

26) 조정식, "마당의 어의와 초월적 특성에 관한 연구", 「대한건축학회논문집」, 12권 2호 통권 88호, 1996, 2월호, pp.93－95 발췌요약
27) 성재중, "조선시대 상류주택의 마당구성과 재현에 관한 연구", 금오공과대학교 산업대학원, 석사학위 논문, 1998, p.4
28) 조정식, 앞의 책, p.92
29) 나반착법: 집의 길흉을 판정할 때는 마당의 중심에 나침반을 놓고 三要(門, 主, 灶)의 위치를 살피게 되는데, 이때 나침반의 중심을 '太極', 혹은 '天井'으로 부른다.

상대적인 관계에 있어 마당은 그만큼 집의 배치에 있어서 중요한 자리를 차지하는 것이다. 또한 마당은 하늘의 기운을 받는 곳이다. 혈자리의 건물이 땅속의 생기 즉, 지기를 받는 곳이라면 명당으로서의 마당은 하늘로부터 내려오는 양기 즉, 천기를 받는 곳으로 볼 수 있다.[30] 건물은 음의 공간이며, 마당은 기를 받아들이는 양의 공간으로서 마당과 건물의 비례도 음양의 조화를 고려하여 크게 차이가 없는 것이 좋다고 하였다.[31]

주거공간은 우주의 중심을 비워 둔 마당으로 설정하고 이것을 중심으로 건물을 둘러싸는 것인데, 마당을 에워쌀 때 공간의 성격이 어떤 특정의 목적이나 내용을 정해두고 계획된 것이 아니므로 텅 비워 있을 뿐이다. 이렇듯 마당의 비치장성은 땅의 원초적인 모습을 강건하게 드러내며 하늘의 변화를 가식없이 수용한다. 주거의 한 가운데에 비어있는 마당을 둔다는 것은 결과적으로 자연의 주체인 하늘과 땅을 간직한다는 것이 된다.

> "……진흙을 이겨서 질그릇을 만든다. 그 내면에 아무것도 없는 빈 부분이 있기 때문에 그릇으로서의 구실을 할 수 있는 것이다. 벽에 문과 창문을 뚫어서 방을 만든다. 그러나 그 내면이 빈 부분이 있기 때문에 방으로 쓸 수가 있는 것이다. 서른 개의 바퀴살 하나의 축통은 그 無에 이르러 유용한 수레가 된다. 그런 까닭에 있는 것(有)이 이(利)가 된다는 것은 없는 것이(無)이 쓸모가 있기 때문이다……"

노자의 도덕경에 나오는 「無爲而無不爲」에서 텅 비워 둔 이유는 일단 수요가 성립하면 생동하므로 '무'에서 '유'가 생기고 또한 아직 작위는 없으나 이미 생성된 '유' (無爲)로 인하여 '유'가 생길 수 있게 되어 만가지 변화에 대응 할 수 있으므로 '유'는 '무'에서 나온다는 것이다. 즉, 가정 살림의 어떤 단면들이 마당에 채워지고 전개될 때 비로소 마당은 활기를

---

30) 조성기, "한국 전통주택의 안마당에 관한 연구", 「대한건축학회 논문집」 11권 1호, 통권 75호, 1995, 1월호, pp.72－76 발췌요약
31) 김민경, "한국전통주거건축에 나타나는 생태학적 특성에 관한 연구", 경상대학교 대학원, 석사학위논문, 2001, pp.50－51

찾게 된다.[32]

마당이 비어있음으로 자연의 제 현상이 수용되고 그것의 충화(沖化)로 하나의 조화를 이루게 되고, 이러한 빈 공간이 쓰임이 많기 위해서는 단순히 비어 있는 것이 아니고 적당한 경계를 지움으로서 정적이고 폐쇄성을 갖게 하여야 한다. 따라서 마당을 둘러싸는 것이 될지언정 마당을 채우는 일이 없는 것은 노자사상의 無개념과 일치하게 된다. 그리고 비어 있는 마당은 모든 것을 수용할 수 있는 속성을 지니고 있으며 따라서 수용적이고 포용적이다.[33]

한국 전통주거건축은 앞마당 부분은 비교적 넓은 공간과 텃밭을 가지게 배치하면서 뒷마당을 협소하게 조성하여 주호의 앞뒷마당의 온도차를 이용하여 통풍을 유도하였다. 특히 제주도에서는 안뒤[34]라는 공간을 만들어 수목을 이용한 통풍을 유도하고 있다.[35]

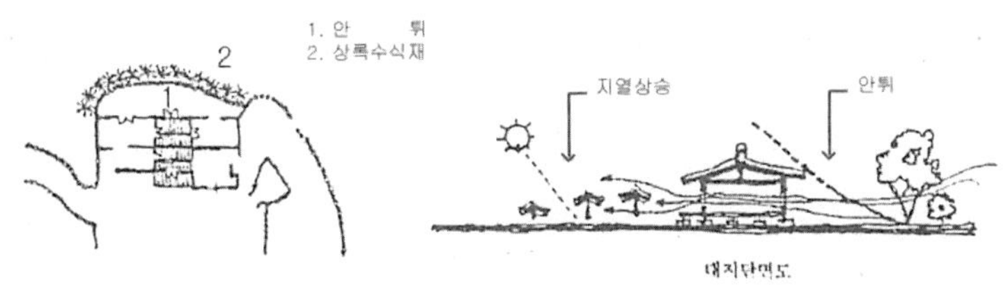

〈그림 2-2〉 제주도 안뒤에 의한 기류현상

자료: 이경회, "자연 환경 조절 측면에서 본 한국전통주거의 환경특성"

또한 한옥의 깊은 처마는 여름철 태양이 높이 떴을 때 차양이 되어 뙤

---

32) 조성기, "한국민가에 있어서 안마당의 성격", 「한국주거학회학술발표대회논문집」 제2권, 1991, p.4
33) 이응희·이중우, "동양사상의 중심성을 통하여 본 전통주택의 마당 공간에 관한 연구", 「대한건축학회논문집」, 11권 5호 통권 79호 1995년 5월, pp.67-68
34) 안뒤는 제주도 가옥의 안거리 중에서도 가장 안쪽에 위치한 곳으로 여성의 공간이며, 무속적인 성격을 가지는 곳으로 신성시하였다. 따라서 남성들은 출입할 수 없다.
35) 김민경, 앞의 책, p.54

약볕을 가린다. 그늘이 져서 시원해지는 것이다. 반대로 마당은 잔디를 깔지 않고 백토를 깔았기 때문에 뙤약볕을 그대로 받아 처마 아래나 마루보다 뜨겁다. 이로 인해 대류가 생기고 바람이 이는 것이다.

〈그림 2-3〉 연경당의 안마당

〈그림 2-4〉 간접조명을 받은 내부

처마의 차양 기능으로 인해 태양의 볕을 가린다는 것은 직사광선이 투사되지 않는다는 의미이다. 직사광선이 실내를 비추지 않는데도 집안이 밝은 것도 마당 때문이다. 백토를 깐 마당에서 반사된 빛이 건물 내부를 간접 조명해서이다.[36] 즉 한옥의 통풍과 채광을 위한 기능적인 이유에서도 마당은 비워있어야 하는 것이다.

전통건축은 채의 배치계획에 있어서 대개 남북방향의 주축을 가지며, 그 사이를 부속문과 담장, 행각 등에 의하여 구획하고 독립된 마당들을 제공한다. 이렇게 구획된 공간단위들은 진입에 따라 그 성격이나 위계가 단계적으로 변화하고 있다. 조선조 상류주택에 있어서도 배산임수구조에 의하여 대문간으로부터 행랑마당, 행랑채, 사랑마당, 사랑채, 안마당과 안채, 뒷마당과 별당의 순으로 그 바닥이 위계적으로 높아지며 공간의 성격이 변화하고 있다.[37]

---

36) 신영훈, 앞의 책, pp.21-25
37) 최상헌·지영수, "한국 호텔 공용공간 실내디자인의 전통성 수용특성에 관한 연

<표 2-1> 마당의 기능과 행위분석

마당의 種類	機能	行爲	비 고
바깥마당	영역의 認知性, 규모판단의 場所性, 境界의 出發點	타작, 널뛰기, 윷판, 무당굿, 마당 밟기, 농악, 탈춤, 줄타기	주택 외 마당의 동네마당에서는 씨름판과 같은 公共마당이 된다
행랑마당	옥외작업공간, 연결동선, 완충역할, 수납공간, 다목적공간, 사랑마당의 공간과 혼재된 경우도 있음	장작패기, 나무더미 추리기, 농기 구손질, 타작, 소먹일 풀 말리기, 쇠죽 끓이기	
안마당	통로 및 동선, 작업, 통풍, 채광, 가사공간, 폐쇄적 공간, 의식 집회공간	무당굿, 집안의 대소사, 빨래	
뒷마당	가사공간, 접근 어려움, 자연과의 융합, 안마당과의 열린 공간	고추 다듬기	
庫房마당	收藏공간		
別堂마당	造園공간, 사랑채와 精舍기능	接客, 讀書, 觀賞	
祠堂마당	家廟공간을 위한 敬의 공간, 儀禮와 행동의 規範이 되는 象微공간, 福의 공간, 精神的인 공간	休息, 思索	

자료: 성재중, "조선시대 상류주택의 마당구성과 재현에 관한 연구"

4) 한옥의 건축의장 특성

건축의장은 건축의 창작을 의미하며 창작이란 다른 것을 모방하지 않고 처음으로 생각해서 만드는 행동이나 그 만든 물건을 뜻한다. 건축설계의 일부분으로 건물의 내·외부구조의 외관상 미감을 주기 위해서 형상, 모양, 채광, 조명, 시각, 음향, 색채 등의 전 분야에 걸쳐 종합적인 효과를 나타내기 위한 것이라고 정의된다.[38]

구", 「중앙대학교 환경과학연구 제 7집」, 중앙대학교, 1996, p.172
38) 이호진, 「건축의장론」, 산업도서, 1986, pp.32−33

(1) 지붕과 처마

덥고 습한 지역에서는 비가 올 때에도 창문을 열고 환기를 할 수 있는 긴 처마가 중요한 기후적 형태요소가 된다. 기후는 주택의 지붕을 발달시키고 지붕은 우설량(雨雪量)과 풍세(風勢)에 정비례한다. 비가 많은 편인 우리나라의 지붕은 30°에서 45°의 경사로 되어있다.[39]

또한 고온·다습한 우리나라는 습도가 높으며 기온이 온화하고 복사가 강하기 때문에 그늘을 최대로 하고 최소의 열용량을 갖는 건물을 지어왔다. 지붕밑층 부분의 통풍에 의한 조절은 고온·다습한 지역에 있어서 지붕단열의 중요성을 의미하는 것으로 한옥에 있어서도 벽체보다 일사량을 많이 받는 지붕의 단열에 대한 노력을 두터운 지붕 구조체에서 볼 수 있다. 전도율이 낮은 재료로 지붕의 표피를 구성하여 낮시간 동안 지붕을 통해 태양복사열이 실내로 전달되는 시간을 지연시킴으로써 태양복사열에 의한 실내 기온상승을 방지해 준다.[40]

상류주택의 기와지붕은 서까래 위에 산자널을 깔고, 그 위에 알매흙을 두텁게 덮고 기와를 얹음으로써 기와에 의한 비흘림과 흙에 의한 열차단을 주기능으로 한다. 초가지붕은 서까래 위에 수숫대나 참대 등을 깔고 진흙을 얇게 깔고 그 위에 한자 가량의 볏짚이나 보릿대, 밀대 등을 덮어 내부를 보호한다. 볏짚을 매년 더함으로써 이들에 의한 단열성은 크게 나타나며, 짚의 중간 공기층은 뜨거운 여름날 부가적인 단열재 역할을 하는 반면 진흙의 열용량은 중간열을 낮게 유지시켜 주고, 한랭한 겨울밤에는 낮 동안의 열을 머금어 줌으로써 진흙과 짚의 재질적인 조화는 매우 효율적임을 볼 수 있다. 또한 처마는 강우에 대한 벽체의 보호의 기능도 있다.[41]

---

39) 연제진 외 4인, "한옥의 건축의장 요소가 현대주택입면계획에 미치는 영향에 관한 연구(1)", 「대한건축학회논문집」 6권 3호 통권29호, 1990, p.45
40) 김정규, "한국 전통주택의 형태에 관한 연구", 인하대학교 대학원 석사학위 논문, 1989, pp.39-42 발췌요약
41) 김삼능, 앞의 책, pp.38-47 발췌요약

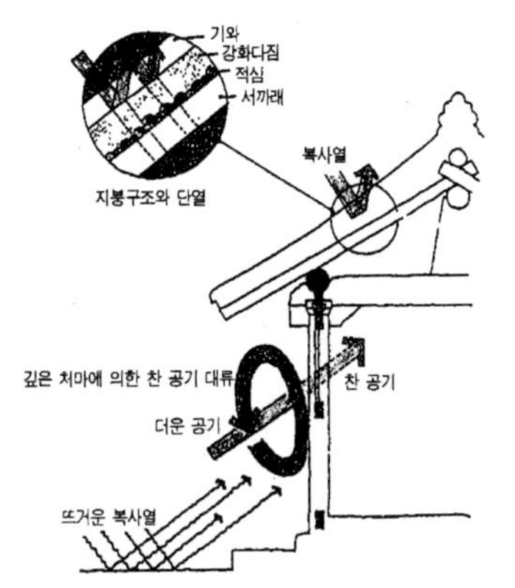

〈그림 2-5〉 한옥의 단열과 국부 대류

자료: http://www.haerasia.com

처마에 의해 생긴 그늘진 부분은 뙤약볕 받는 마당보다 시원하므로 기온차에 의해 대류가 생기고 바람이 일어나며, 겨울철엔 따뜻한 공기가 찬바람에 밀려 나가다가도 깊은 처마에 걸려 머물게 된다. 더구나 숙인 서까래가 앞을 가로막아 더운 공기가 더 오래 머물게 되는 것이다. 처마는 차양의 역할도 한다. 따라서 우리는 간접조명에 익숙하다.

처마를 없앤 서양식 건물은 직사광선에 의해 실내에 명암차가 심하게 나타나 난시가 많이 늘고 시력이 나빠지는 이유 중 하나가 되고 있다.[42] 처마에 의해 만들어 진 공간은 내·외부 어느 편도 아닌 공간이 되고, 처마는 벽과 지붕의 구조적 접합부로 생각될 수 있으며 한옥에서는 용마루에서 흘러내린 선과 기둥으로부터 솟아오른 직선의 힘이 맞부딪쳐 일어나는 것이 처마의 선이라고 할 수 있다.[43]

〈그림 2-6〉 처마에 의한 계절별 태양 볕의 실내 침투 각도

자료: 신영훈, 한옥의 고향

---

42) 신영훈, 「우리가 정말 알아야 할 우리 한옥」, 현암사, 2000, pp.22-25 발췌요약
43) 연제진 외 4인, 앞의 책, p.45

(2) 천 장

건물 내부의 상부에 여러 가지가 형태로 꾸며지는 천장은 내부공간의 중요한 시각적 요소로서 그 구성 방법에 따라 삿갓천장, 빗천장, 반자천장으로 나뉘며, 천장을 따로 구성하지 않고 서까래가 그대로 드러나 보이도록 하는 경우는 연등천장이라 한다.[44]

보통 천장(天障)과 천정(天井)을 혼돈하여 부르기도 하는데 천정은 반자를 한 천장을 말하며 천장은 지붕 아래 구조된 시설 전반을 통칭한다. 살림집 천정 중에는 '우울반자'가 제일 고급으로 칠을 할 수도 있다. 대청 천장 중에는 연등천장이

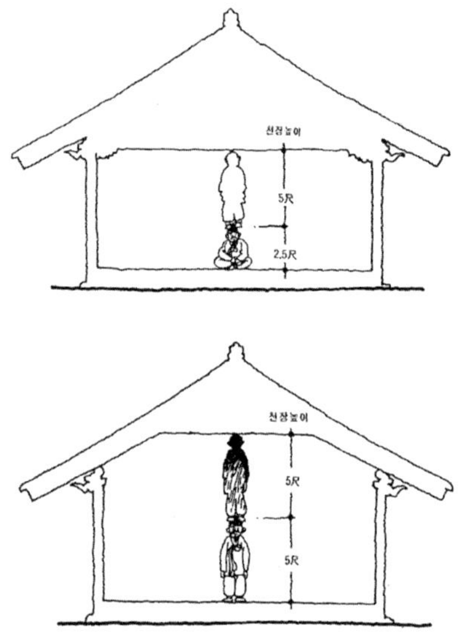

〈그림 2-7〉 방과 마루의 천장고

자료: http://www.haerasia.com

삿갓천장보다 격이 높다. 연등천장으로는 서까래 사이를 흙으로 바른 앙토천장이 있는가 하면, 서까래 사이를 '골개판'으로 덮어 마감한 구조도 있다. 이 때 대청에 노출되는 골개판에 흰색 칠을 하기도 한다. 이는 마당에 비추는 빛을 내부에 밝게 반사시키려는 한 방도이기도 하다.[45]

한옥에서 방의 천장 높이는 보통 7.5자로 잡는다. 이것은 앉아있는 사람의 눈높이 2.5자에 서 있는 사람 한길을 합한 길이이다. 한국

〈그림 2-8〉 '수애당'의 흙벽

44) 최상헌·지영수, 앞의 책, p.174
45) 신영훈, 「우리가 정말 알아야 할 우리 한옥」, 현암사, 2000, p.192

인의 평균 신장 5척(영조척 32.2㎝
×5=161.05 약 161㎝)이 집 구성 기
본단위로 인체치수를 모듈로 사용하
고 있다는 것이다. 대청마루는 중심
부의 가장 높은 자리를 10자로 잡아
방 보다 천장이 높은데 이는 방은
앉아서 생활하는 곳이고 마루는 서
서 생활하는 곳이기 때문이다. 이

〈그림 2-9〉 화방벽(반담)용지판을
대어 정리하였다.

처럼 천장 높이가 좌식이건 입식이건 머리에서부터 천장까지의 높이가
사람 한 키 정도로 일정하게 확보되는 것은 기(氣)의 흐름과도 관계가 있
다. 기는 발산과 흡수가 꾸준히 계속되는데 발산하였을 때 천장이 낮아
기를 억압하면 쇠(衰)하여지고, 천장이 너무 높으면 빠져나간 기가 다시
돌아오지 않아 기가 허하게 된다. 그러므로 기가 순환할 수 있는 가장 적
절한 높이로 집의 단면을 이루도록 한옥은 계획된 것이다.[46]

(3) 벽과 담장

벽체는 대체로 목조가구의 기둥·보·인방 등이 노출된 심벽구조로 되어
있고 깨끗한 느낌과 거친 질감을 나타내며, 주로 건물의 측면과 배면이
벽이 되고 정면은 창호로 구성되어져 있다. 이와 같이 흙으로 이루어진
벽체는 흙이 건조되어 굳으면서 외와 짚여물, 흙 미립자 사이에 무수한
공기층이 생겨서, 항온 항습 효과가 있고, 통기성이 좋아지며, 음의 투과
효율성이 좋다.[47] 건물의 내벽은 대부분 종이로 도배하는데 명주를 대신
사용하기도 하였다.[48]

---

46) 신영훈, 「우리가 정말 알아야 할 우리 한옥」, 현암사, 2000, p.26
47) 이신호·송창섭·오무영, "전통 흙집 벽 재료의 특성 분석", 「한국농공학회지 제43
    권 제1호」, 충북대학교 농과대학, 2001년 1월, p.102
48) 최상헌·지영수, 앞의 책, p.174

주로 부엌이나 바깥 행랑채 외벽 중방 아래에는 '화방벽(火防壁)'[49]을 쌓기도 하는데 중깃을 들이고 초벽한 벽체 바깥에 다시 아이 머리통만한 돌이나 '사고석'으로 여러 켜 축조한 담장 구조이다. 이 벽체는 매우 두꺼워 기둥 밖으로 돌출하므로 '용지판'을 대어 정리하며, 맞배지붕 합각 아래 벽체 전체를 화방벽으로 한 것을 '온담'이라 하고, '반담'은 중방 아래쪽으로만 담벼락을 조성하는 구조이다. 창고에는 주로 널판으로 벽체를 구성하는 판벽(板壁)으로 되어있다.[50]

개구부도 벽의 구성요소로 입면 구성은 기둥, 도리, 서까래와 창호의 살짜임새로 인해 선(線)적인 구성이 된다.[51]

벽이 곧 담장이 되기도 하는데, 우리나라의 담장은 의장적 아름다움과 함께 재미있는 특색을 내포하고 있으며, 건물의 벽과 대지의 구획을 위한 두 가지 성격의 담과 완전히 대지의 구획을 이루는 역할만 하는 담장이 있다. 집과 집의 경계를 표시하고 통행을 금지하며 도난을 방지하기 위한

〈그림 2-10〉 '성낙원' 담장의 살창

설치물로 간단한 구조로 된 것을 울타리라 하고 튼튼하게 된 것을 담 또는 담장이라고 하며[52], 재료에 따라 흙담, 돌담, 벽돌담, 블록담 등이 있고 윗부분에 암키와와 수키와로써 지붕을 만들기도 한다. 높이는 몸체의 처마보다 낮아 툇마루나 방에 섰을 때의 눈높이는 담높이보다 높아 담장 안의 공간과 담장 밖의 공간은 시각적으로 연결되고 있다.[53] 또한 재료와 구조가 몸체와 같거나 유사하여 한 덩어리로 지각되도록 되어 있다.[54]

---

49) 방화장(防火墻)벽이라고 하기도 하며 화재 시 불이 번지는 것을 방지하기 위해서 쌓는 벽이다.
50) 김정규, 앞의 책 p.25
51) 주남철, 「한국주택건축」, 일지사, 1980, p.262
52) 최상헌·지영수, 앞의 책, p.174
53) 주남철, 앞의 책, p.231

담장은 건축주의 신분에 따른 의장과 높이를 나타내며, 사고석, 벽돌, 막돌을 반복적으로 쌓는 방법과 문자무늬, 동물무늬, 식물무늬, 기하학 무늬를 단독 또는 혼용하여 꽃담을 만들기도 한다.[55] 전통 담장은 살창을 설치하여 내부에서도 자연을 바라볼 수 있게 하거나 교량을 설치하여 두 마당이 상호 융화되게 하기도 한다.[56]

(4) 바닥과 기단

한국전통주거는 다양한 공간의 높낮이로 구성되어 있다. 마당에서부터 기단, 방과 마루의 순으로 높아지며, 부엌은 방바닥에서 2.5~3.0尺 정도 낮추어져 있다.[57] 이러한 바닥 높낮이 형성은 한국전통민가의 고유한 난방방식인 구들이 가지고 있는 구조적인 특징과 경사지를 많이 활용하는 입지적인 특징과 밀접한 관계에 있

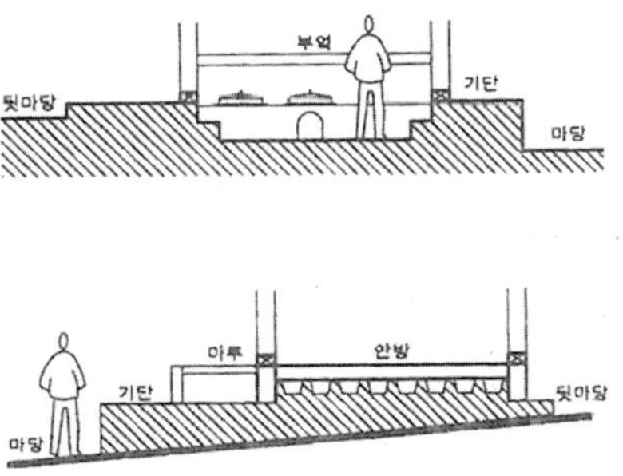

〈그림 2-11〉 구들(위)과 경사(아래)에 의한 바닥 높낮이의 변화

자료: 이명신, "한국전통주거에서의 다양한 바닥높낮이에 관한 연구"

다.[58] 지형적인 높낮이 차를 이용하여 공간의 위계를 높이는 한국전통주거의 입면적인 특징과 결부되어 한국전통주거의 전형을 이루는 것이다. 기단과 마루에 의해 높여진 내부공간은 외부에서는 폐쇄적이고 내부에서

---

54) 연제진 외, 앞의 책, p.47
55) 김형대, "실내디자인의 한국전통표현에 관한 연구", 「실내디자인」6권, 1995, p.18
56) 최상헌·지영수, 앞의 책, p.174
57) 윤일이, "한국전통주거에 있어서 부엌의 배연구조에 관한 연구", 부산대학교 대학원 석사학위 논문, 1995, p.29
58) 이명신, "한국전통주거에서의 다양한 바닥높낮이에 관한 연구", 단국대학교 대학원 석사학위 논문, 1997, p.6

는 개방적인 공간이 된다. 구들의 구조적 특징에 의해서는 입면상 부엌의 출입구가 낮아, 부엌은 이질적인 동선을 가지게 되며, 부엌의 내부공간은 깊고 어둡게 되는 한국전통주거의 전형적인 특징을 갖게 된다.[59]

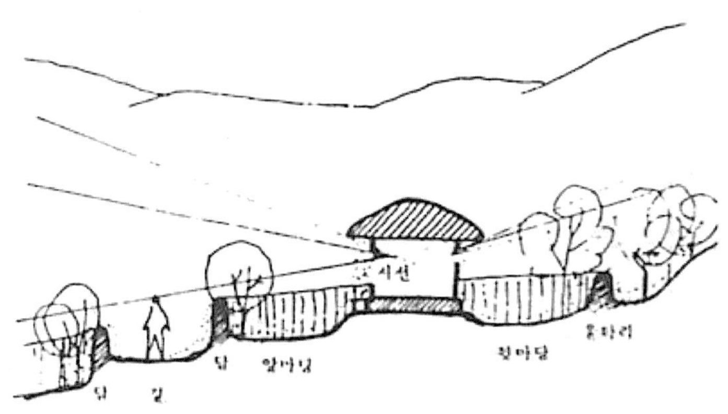

〈그림 2-12〉 담장높이와 외부공간의 구성

자료: 이명신, "한국전통주거에서의 다양한 바닥높낮이에 관한 연구"

바닥은 흙바닥, 전바닥, 마루바닥, 온돌바닥으로 나뉘어지나 전바닥은 궁궐이나 사찰에서 사용되었고 일반 주거에서는 나타나지 않는다.

일반 민가의 방은 주로 온돌바닥이며, 일반적으로 종이(장판지)로 하여 콩댐[60]으로 여러 번 문지르는 장판지 마감과 초배지 위에 갖가지 무늬와 색조의 비단을 선택하여 바르는 천마감 외에 솔방울마감, 은행잎마감, 솔가루마감 등이 있다. 이러한 마감방법은 자연물의 특성을 이용한 것으로, 기능적으로도 충족되고 보기에 아름답고 촉감이 매끄러우며, 향긋한 내음까지 고려한, 인간의 오감을 만족시키는 처리방법이다.[61]

---

59) 이명신, 앞의 책, p.33

60) 불린 콩을 갈아 들기름을 섞고 이를 무명주머니에 넣은 것. 색조를 일정하게 내기 위해 치자물을 콩댐에 섞어 사용하기도 한다. 장판지에 내수성을 갖게 하는 이중효과도 가지고 있다.

61) 박영순 외, 앞의 책, pp.91-92

구들구조를 갖추고 있는 전통주택은 여름의 습기와 침수로부터 구들구조와 방을 보호하기 위하여 바닥을 높인 기단을 사용하였다. 기단은 삼국시대부터 조선시대에 이르기까지 모든 건축에 필수적으로 형성되어 온 것[62]으로 방바닥이 기단에 의해 지면으로부터 일정한 높이만큼 높아져 땅으로부터의 습기가 스며들지 않게 되며, 구조상으로도 별도의 기초를 하지 않으므로 구들이 내려앉는 것을 기단으로 방지할 수 있다. 또한 우리나라 강우의 특징은 주로 여름에 대부분이 내리는 집중호우형으로 특별한 배수시설이 고려되지 않았던 당시로는 실의 바닥 내지는 건물을 일반적으로 높일 필요가 있었고, 건물의 외벽 마감의 주된 재료가 흙으로 물에 약한 흙벽을 보호하기 위하여 지면으로부터 높이는 것이 필요했던 것이다.[63] 또한 자연을 되도록 훼손하지 않도록 하는 조영기법상 경사지에 위치하게 될 건물의 수평을 잡기 위해서 뒷면 높이에 맞게 앞쪽을 높여야 하는 했던 것도 기단 형성의 이유이다.

기단은 건축물의 전하중을 지반에 전달하기 때문에 역학적으로 중요한 요소로 작용할 뿐만 아니라 시각적으로도 안정감을 주게 되고, 지면에 대해 상승된 수직면을 설정하게 되어 그 주변의 대지에 대해 그 장소 상호간을 시각적으로 분리하여 강한 영역성을 나타낸다. 특히 기단에 만들어지는 계단, 디딤돌(섬돌), 경사로 등은 마당에서 내부공간으로의 진입 시 방향성을 만들어주는데 이러한 것은 기단의 높이차에 의해 분리된 공간을 연결하는 요소로 작용한다.[64]

기단을 이루는 장대석을 한 켜 설치하면 '외벌대'에 해당하며, 보통 집은 댓돌이 세 켜인 '세벌대'로 만들었다. 처마가 있는 한옥은 직사광선이 집에 내리쬐지 못하고 마당에서 반사된 빛으로 조명하는데 '세벌대'는 땅에서 뚝 떨어져 처마와 땅 사이의 간격을 넓혀 광선이 더 많이 들어오게 한다. 여름철 뙤약볕이 내려 쬐일 때에도 지표에서 떨어져 있게 되므로

---

62) 김정구, 앞의 책, p.37
63) 김삼능, 앞의 책, p.45
64) 이명신, 앞의 책, p.38 – 39

한결 더위가 덜하다.[65]

(5) 창　호

　한국건축 입면의장에 있어서 한 특징은 정면을 전체 창호로 하는 것이다. 건물 내에서 사람이나 물품이 드나들 수 있도록 하기 위한 개구부를 문이라 하고, 채광과 통풍을 주로 하는 것을 창이라고 하지만 우리의 전통주거에서는 창과 문을 엄격히 구별하기가 매우 어려워 일반적으로 둘을 합쳐서 '창호'라고 한다. 창호는 고정된 건축물에서 움직이는 유일한 요소이고, 더욱이 한옥의 창살은 바깥쪽으로 노출되어 있어 눈에 가장 잘 띈다.

　창호를 굳이 문과 창으로 구분을 할 때, 문과 같은 형식이지만 머름대 위에 설치[66]되거나 외짝으로 된 것[67]을 창이라 한다. 창문의 높이는 3－4척 정도로 설정되며 머름은 대부분 한 자(약 30㎝)에서 1.8자 정도이다. 이러한 높이는 방에 앉아 편안하게 팔을 걸칠 수 있는 높이가 된다. 즉 인체치수에 기본을 두고 있는 것이다. 또한 마당에서 머름까지의 높이는 통상 서 있는 사람의 눈높이 정도로 설정된다. 또 기단에는 어느 정도 폭이 있기 때문에 외부사람이 접근할 수 있는 데는 한계가 있다. 여기에 또 머름이 있기 때문에 방안의 프라이버시가 보장된다.[68]

　창에는 채광·통풍을 위하여 홑창호지를 바르는 경우가 대부분이며, 창살 문양은 종류가 무척 다양하다. 창이 집의 '얼굴'이면 창살은 집의 '표정'이다. 한옥에는 번다하고 화려한 장식은 없지만 창살만은 다채로워서 중요한 장식요소가 된다. 또한 창살은 그 밀도에 의해 채광효과가 다르게 되어 북쪽지방은 창살 밀도가 적고 남쪽에서는 보다 적은 빛을 방안에 들이기 위해 창살의 밀도가 크다.[69] 또한 겨울에는 창문 바깥쪽에 공기막을

65) 신영훈, 「우리가 정말 알아야 할 우리 한옥」, 현암사, 2000, p.406－408 발췌요약
66) 박영순 외, 앞의 책, pp.99－100
67) 최상헌·지영수, 앞의 책, p.175
68) 신영훈, "집이야기", http://hanok.org
69) 김삼능, 앞의 책, P.51

형성하여 열손실을 적게 하였다.[70]

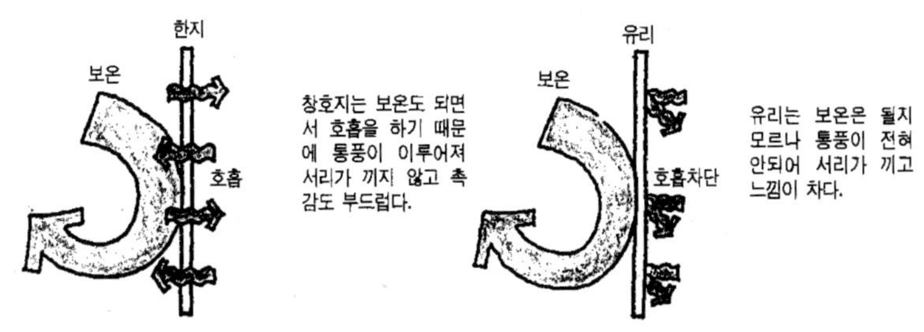

〈그림 2-13〉 창호지의 호흡과 통풍

자료: http://www.haerasia.com

창에 바르는 한지는 양질의 에어컨디셔너 역할을 한다. 지질이 질기면서 기공이 많고 방안의 기압과 방밖의 기압 차이에 따라 필요한 분량만큼 환기가 자연적으로 이루어진다. 한지는 종이 가운데 가장 빛을 완충시키는데 능률적인 종이일 뿐 아니라 방안에 습기를 머금었다가 필요할 때 뿜어주는 습기 많은 풍토에 가장 능률적인 질(質)의 종이이다.[71]

창호지는 매끄러운 면과 솜털이 있는 부분으로 나뉘는데, 창살에 부착할 때는 매끄러운 면에 풀칠을 해서 한다. 이는 맑은 외부공기를 항시 받아들이겠다는 의도이다. 솜털이 있는 쪽에서 입김을 불면 솜털이 살짝 덮이면서 기공을 막는다. 방의 더운 기운이 함부로 방출되지 못하게 차단하는 것이다.[72]또한 머름대와 문턱은 기후적인 측면에서 보면, 그 높이를 높여 아래로부터 흘러 들어오는 한기를 차단해 주는 역할을 한다.[73]

창호의 종류는 다음과 같다.

---

70) 이경희, "자연 환경 조절 측면에서 본 한국 전통 주거의 환경 특성", 「대한건축학회지」 30권 3호, 1986, p.
71) 김삼능, 앞의 책, P.38
72) 신영훈, "집이야기", http://hanok.org
73) 김삼능, 앞의 책, P.50

<h3 align="center">〈표 2-2〉 창호의 종류</h3>

종류	설명	종류	설명
판장문	몇 장의 널빤지에 띠를 대어 한 장처럼 붙여만든 문으로 부엌과 창고의 문, 방의 덧문으로 사용된다.	골판문	문울거미를 짜고 그 사이에 청판을 끼워 넣은 문으로 덧문이나 고방문(庫房門)으로 사용된다.
맹장지	문울거미를 짜고 두꺼운 종이로 양면을 싸 바른 문으로, 방과 대청 사이의 지게문으로 사용한다.	용(用)자창	살짜임새를 用자모양으로 짠 창호로 방과 방 사이의 미닫이와 남향 창으로 널리 쓰인다.
띠살창	살대를 수직으로 좁은 간격으로 보내고 다시 창호의 위·중간·아래 세 곳에 수평 살대들을 다섯 개정도 보낸 창호로, 덧창호로 많이 쓰인다.	아자창	亞자모양으로 살짜임새를 만든 창호로 방과 방 사이의 미닫이로 널리 쓰인다.
불발기	맹장지의 중간에 사각·팔각·원형 등의 울거미를 짜고, 그 속에 정자살·빗살·완자살 등으로 짠 다음, 창호지를 한면에만 바름으로써 그 부분만 밝게 한 창호이다. 보통 대청과 방 사이에 들어열개로 단다.	도듬문	맹장지와 비슷하나 울거미만을 돋아나게 한 것으로 두꺼비집, 다락문, 쌍창 안쪽의 덧창호로 쓰인다. 문의 맹장지 부분에는 서화 등을 그려 붙여 장식하였다.
빗살창	45°와 135°로 살대를 짜 넣은 창호로, 왕궁. 사찰의 창호로 널리 쓰인다.	귀자창	貴자를 변안하여 살무늬를 이룬 창호로 불발기. 교창 등에 쓰인다.
완자창	卍자모양으로 살짜임새를 이룬 창호로 방과 방사이의 미닫이로 널리 쓰인다.	숫대살창	산가지[算木]의 늘어놓은 모양을 살짜임으로 한 창호로 방의 정면 창호로 많이 쓰인다.

귀갑창		거북이의 잔등무늬를 살짜임새로 한 창호로서 전각의 정면 창호로 쓰인다. 또 이의 변형은 주택창호에서도 쓰인다.	교창	부엌 벽에 높직하게, 또는 일반 벽체의 높은 곳, 전각의 전면창호 위에 가로로 길게 단 창호로, 이의 살짜임은 빗살·완자살 등이 주종을 이룬다.
살창		방형·장방형의 울거미를 짜고 여기에 살대(단면은 사각·육각·팔각 등)를 수직으로 세운 창호로, 보통 창호지를 바르지 않고 부엌의 부뚜막 상부처럼 환기와 통풍이 필요한 곳에 단다. 또 창호지를 발라 채광 창으로도 쓴다.		

이외에도 창틀 없이 구멍만 뚫린 여닫지 못하는 봉창, 부엌과 안마당 사이, 부뚜막 측면의 윗벽을 뚫어 만든 일종의 배기구멍인 화창, 방의 벽 위쪽이나 출입문 위쪽에 설치되어 실내에 빛이 들어오게 하는 광창, 밖을 내다보기 위한 아주 작은 창으로 출입문 곁에 난 봉창을 눈꼽재기창, 창호지 대신 비단을 붙여서 방에서 바깥을 볼 수고 통풍도 되나 벌레가 들어오지 못하도록 하는 사창도 있다.

〈그림 2-14〉 사창·두껍닫이창(왼쪽), 눈꼽재기창(중앙), 미닫이여닫이문(왼쪽)

자료: 신영훈, 「우리가 알아야할 우리한옥」·윤용숙, 「어머니가 지은 한옥」

특히 대청에는 들어열개문을 설치하였다. 전통주거의 창호에서 빠뜨릴 수 없는 것이 들어열개에 의한 공간의 연출이다. 들어열개 창호는 공간을 완전분리시키기도 하고, 공간을 통합시키기도 한다. 대부분의 들어열개문은 분합문이며, 분합문에는 빛의 유입을 위해 눈높이에 불발기창이 달려 있다. 두껍닫이문은 양쪽으로 밀어붙여 활짝 연 미닫이가 들어가 숨도록 만들어진 문이다.[74]

공간을 분리 또는 통합시키는 방식 중에는 '미닫이 여닫이문'도 있다. 논산 윤증 고택에서 볼 수 있는 이 문은 밀어서 두 짝이 겹쳤을 때 다시 잡아당기면 활짝 열려 기둥 사이 전체가 개방되게 고안한 특색 있는 구조로 좁은 것을 넓게 사용할 수 있게 한다.[75]

5) 전통주거의 실내색채 특성

(1) 전통 색채의 특성

우리나라는 사계절의 변화가 뚜렷한 기후이다. 따라서 각 계절의 풍부한 색감을 경험하게 되고 온대기후에 안정된 산야로 구성되어 순한 색을 선호하고 저채도 고명도의 색상을 많이 사용하고 있다. 한국 문화의 두드러진 특징 중의 한 가지가 자연과의 조화를 추구하는 것이며, 색채의 경우도 예외는 아니어서 자연과 우주의 원리에 순응하려는 노력은 음양오행이라는 철학적 근거를 바탕으로 하고 있다. 음양의 조화를 추구하고 음양의 조화를 통해 우주의 원리에 순응하며 살아왔던 한국인의 자세는 전통색의 근본이 된다고 할 수 있는 '오방정색'의 다섯 가지 색상과 '간색', '잡색'의 생성원리를 '음양오행'의 원리로 풀이하고 있다.

이황 선생의 퇴계집 「진성학십도차」에는 음양오행과 오방색의 관계를

---

74) 박영순, 앞의 책, pp.100−104 발췌요약
75) 신영훈, 「우리가 정말 알아야 할 우리 한옥」, 현암사, 2000, p.377

직접적으로 설명하고 있다.

　　"태극이 동하여 양을 낳고, 동이 극하면 정(靜)하니, 정하여 음을 낳
　　고, 정이 극하면 다시 동하니, 한번 동하고, 한번 정하는 것이 서로 그
　　근본이 된다. 음과 양으로 나누어져서 양의 <하늘과 땅>이 성립된다.
　　양이 변하고 음이 합하여 수, 화, 목, 금, 토를 낳아서 오기가 순차적으
　　로 베풀어지고, 네 계절이 운행된다. 오행이란 바로 하나의 태극이며,
　　태극은 본래 무극이다."

라고 하였으며, 또한 수신편에서는 색을 말하기를

　　　　청색은 동방의 정색으로 목성에 속하고
　　　　적색은 남방의 정색으로 화성에 속하고
　　　　황색은 중앙의 정색으로 토성에 속하고
　　　　백색은 서방의 정색으로 금성에 속하고

흑색은 북방의 정색으로 수성에 속한다고 하여 청, 적, 황, 백, 흑색을
정색 또는 '오방정색'이라 하였으며,

　　　　녹색은 청황색으로 동방의 간색이고
　　　　홍색은 적백색으로 남방 간색이고
　　　　벽색은 청백(담청)색으로 서방 간색이고
　　　　자색은 적흑색으로 북방 간색이고
　　　　유황색은 황흑색으로 중앙 간색이고 이를 '오방간색'이라 한다.

고 하였다.[76)

---

76) http://chonhyang.com

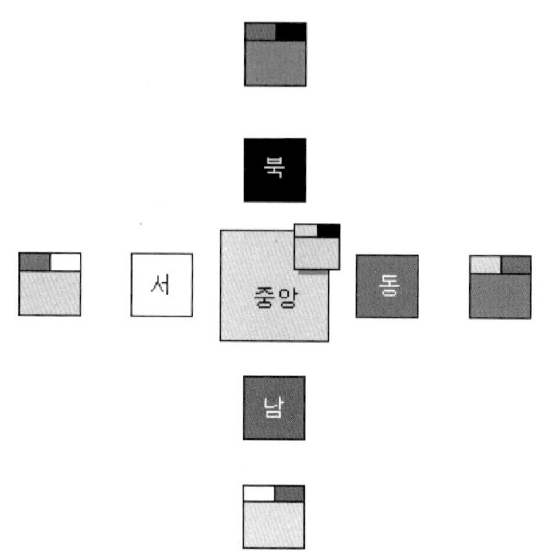

〈그림 2-15〉 오방정색과 오방간색의 생성원리

자료: http://chonhyang.com

이들 오방간색은 다시 70색의 '잡색'을 이루게 되며, 이상의 '오행'과 '방위색' 등을 정리하면 다음과 같다.

〈표 2-7〉 '오행'과 '방위색'

오행	색상	계절	방위	사신	오륜	신체	맛	의미
목(木)	청(靑)	봄(春)	동	청룡	인(仁)	간장(肝臟)	신맛	나무, 하늘, 물, 젊음, 벽사, 낮은 지위,
화(火)	적(赤)	여름(夏)	남	주작	예(禮)	심장(心臟)	쓴맛	밝음, 고귀함, 나라의 시작, 벽사
토(土)	황(黃)	토용(土用)	중앙		신(信)	위장(胃腸)	단맛	땅, 흙, 중앙, 황제, 권위
금(金)	백(白)	가을(秋)	서	백호	의(義)	폐(肺)	매운맛	태양, 신성, 길한조짐
수(水)	흑(黑)	겨울(冬)	북	현무	지(智)	신장(腎臟)	짠맛	물, 신격

현대 색채학의 연구는 프리즘의 일곱 가지 무지개색을 기조로 하였으나 동양에서는 적·황·청·백·흑의 다섯 색으로 무지개를 보았다. 즉 오색

(五色) 무지개의 오색은 문자 그대로의 다섯 색이 아니라 "우주에 존재할 수 있는 모든 색"의 의미로서의 五色인 것이다. 이렇듯 극히 명백하게 볼 수 있는 무지개 빛까지 '눈'으로 보지 않고 '사고(思考)'에 의해서 보았다.[77] 이는 서양의 경우 어느 시대건 한 시대를 특징지을 수 있는 실내의 분위기와 실내 색채가 존재하는 것과는 달리 우리나라의 경우는 시대의 변화에 따른 색조의 변화가 뚜렷하지 않은 이유이다.[78]

일상생활에서 우리 민족은 흰색의 사용을 즐겼는데, 이 또한 색채의 규제 때문만이 아니라 장식이나 기교를 절제하여 높은 정신세계를 표현하려는 의지인 것이다.[79] 우리 민족은 직접 감각적으로 쾌(快), 불쾌(不快) 또는 미적 감수성에 반응한다든지 하는 심리적 반응보다는 오히려 그 이면에 내재하는 관념(의미, 또는 상징성으로서 주로 음양오행적 우주관에 의해 형성된 개념)을 더 중요하게 의식하고 표현하였다.

그러나 우리의 전통색에서 의미하는 흰색은 완전한 흰색만이 아니다. 백자를 보면 그 색은 유백색을 띤다. 옷색도 저포나 견포, 면포 등의 그 자연대로의 색이 나타난 것이라 동일한 색이지는 않다. 또한 흰떡, 사발의 색과 수저, 그릇, 창호지, 닥지 등의 경우를 보더라도 일반적으로 흰색이라 칭하지만 회색빛이 많은 백색조(白色調)인 것이다. 또한 건축물에서도 장판은 회황색, 문갑·장농 등의 가구 대부분이 흑갈색의 무채색이다.[80]

무채색은 색채가 주는 심리적 자극은 적으나, 주위 자연의 색을 잘 반영하고, 외적 조건의 변화에 민감하게 반응하여 단순한 색채로서 다양한 색의 변화를 연출하기 때문에 건축의 의장색채로서 우수하다 할 수 있다.

한국인은 무채색을 이용한 명암의 변화에 민감하다. 명암의 변화에서 오는 색의 미묘한 변화 효과를 즐긴다. 온돌방의 연한 황갈색의 장판은 연한(soft) 흰색의 벽에 반사되어 내부를 깊이 있고 아늑하고 따뜻하게 해

---

77) 김정신, "한국 전통건축 색채의장의 특성에 관한 연구", 서울대학교 대학원 석사 학위 논문, 1979, p.29
78) 김정신, 앞의 책, p.25
79) 박영순 외, 앞의 책, p.161
80) http://colordesign.ewha.ac.kr/

준다. 벽에는 흑갈색의 목기가 벽의 백색과 강한 명도대비를 이루고, 살 안쪽에 바른 창호지를 통해 비치는 완자문양은 창호자체와 방바닥 그리고 벽에 삼차원의 그림자를 줌으로써 변화하는 선적인 구성을 준다. 보료와 병풍, 방장은 화려한 원색의 조화로 실내공간에 활기와 자극을 준다. 연등 천장으로서 서까래에 의한 선적구성은 모두 창호로 된 벽의 선적구성과 함께 음영의 변화에 따른 무한한 변화를 연출한다. 색이 단조로우면 선에서, 형에서 변화를 찾고, 형이나 선이 단조로우면 색에서 변화를 취하되 그 변화는 급박한 것이 아니고 지극히 자연스러운 이것이 한국 조형미의 특징인 형과 선과 색의 유기적인 조화의 원리이다.[81]

(2) 전통주거의 색채 특성

건축물에서는 건물의 성격에 따라 색채가 나타나고 있는데, 성(聖)체계에 속하는 궁궐과 관아, 사찰 등의 건축물은 밖으로 드러나 보이는 실내외의 목부재 및 벽면에 단청을 했으며, 각 건물의 성격과 용도에 따라 단청의 문양과 색상에 있어서 많은 차이가 있다. 오방정색과 간색을 주로 하는 단청의 넓은 의미는 색채로 그린 모든 그림으로 목조, 석조 등의 건축물을 장엄하게 하거나 조상(造像) 및 공예품에 채화해서 장식하는 도(圖), 서(書), 회(繪), 화(畵)의 총칭이다. 좁은 의미로는 붉은 색을 의미하는 단(丹)과 푸른색을 의미하는 청(靑)으로, 집의 벽·기둥·천장과 같은 건축이나 구축물에 무늬를 그려 넣는 것을 말한다. 건물을 이루고 있는 목재를 보존하려는 목적으로 단청을 하기도 하였지만 장식을 통한 장엄한 시각적 효과도 얻으려 하였기 때문에 궁궐이나 사찰 등과 같이 권위를 나타내는 건물에만 허용되었다.[82]

속체계에 속하는 민가에는 궁궐이나 사찰과는 달리 채색에 의한 장식

---

81) 김정신, 앞의 책, pp.56−81 발췌요약
82) 박영원, "한국의 문화적 특성과 미의식을 배경으로 한 한국적 색채에 관한 연구", 「청주대학교 청예논총」12, 1997년 10월, pp.60−62 발췌요약

이 엄격히 금지되었기 때문에 단청을 사용할 수 없었고, 인위적 가공을 하지 않은 천연의 색상이 그대로 활용되었다.[83] 자연관에 의한 조영사상 등의 확고한 배경으로 우리의 건축은 시대에 따른 색채의장의 변화를 뚜렷이 구별할 수 없다. 그저 자연소재의 소재색(素材色)을 아무런 가식없이 그대로 나타낸다. 자연을 즐기는 한국인은 자연의 온갖 색을 어떻게 받아들이느냐가 중요했지 자신의 집에 색을 입혀서 아름답게 보이거나 그 색을 즐기려고 하지 않았기 때문에 전통건축에서 단청을 제외하면, 인위적 색채사용은 없다. 청명한 일기와 사시사철의 변화가 뚜렷한 한국의 풍토에서는 인위적인 색채를 사용하지 않더라도 색채의 변화와 효과를 충분히 살릴 수 있었던 것이다.

한국의 전통 건축물의 색채는 갈색계열(Y[84]계, YR계)의 색이 주조를 이루며, 명도는 중명도에서 고명도, 채도는 저채도로 자연환경 색채와 자연스럽게 어우러져 융화되고 있음을 알 수 있다. 이는 전통 건축물을 구성하는 주된 재료가 기와, 짚, 흙, 석회, 돌, 나무 등의 자연 재료를 그대로 사용했기 때문이다. 특히 노란계열(YR계열)은 전통 주거색에서 자연환경색보다 더 밝은 톤으로 나타나기는 했으나 색상면에서 보면 전통색과

---

83) http://chonhyang.com

84) 색상명: 먼셀표색계는 색상을 R(빨강)·YR(주황)·Y(노랑)·GY(연두)·G(녹색)·BG(청록)·B(파랑)·PB(남색)·P(보라)·RP(자주)의 10종류로 나누어 원주상에 등간격으로 배치하고(色相環·色環이라고 한다), 다시 한 기호의 범위를 10으로 분할하여 1에서 10까지의 번호를 매긴다. 예를 들면 5R는 빨강의 중앙에 위치하는 대표적인 빨간 색상을 의미한다.

Tone명

수식어	대응영어	KS약호	사용약호	수식어	대응영어	KS약호	사용약호
해맑은	vivid	vv	v	부드러운	soft		sf
	strong		s	어두운	dark	dk	dk
연한	light	lt	lt	아주 연한	very pale	vp	
밝은	bright		b	밝은 회	light grayish	lg	lg
짙은	deep	dp	dp	회	grayish	mg	g
아주 연한	pale	pl	p	어두운 회	dark grayish	dg	dkg
칙칙한	dull	dl	d	아주 어두운	very dark	vd	

자연환경색이 거의 일치하고 있다. 이는 벽이나 기단의 재료가 나무나 흙이기 때문이다. 그러나 산과 나무에서 측색된 초록색 계열은 전통색에서는 거의 사용되지 않았으며, 하늘에서 측색된 파란색(PB)계열의 색은 저채도의 어두운 하늘색(B계열)의 지붕색으로 순화되어 나타나고 있다. 이와 같은 측색 결과는 벽과 기단은 땅, 기둥은 하늘과 조화를 이루고 있음을 간접적으로 보여주고 있다.

이와 같이 나타난 자연색을 이미지 스케일상에 나타내면 전반적으로 정적인 이미지에 주로 분포하며, 전통색 또한 정적인 이미지로 표현되어 자연환경색과 이미지 스케일상에서 같은 범위에 있는 것이다.(<그림 2-16>참조)[85]

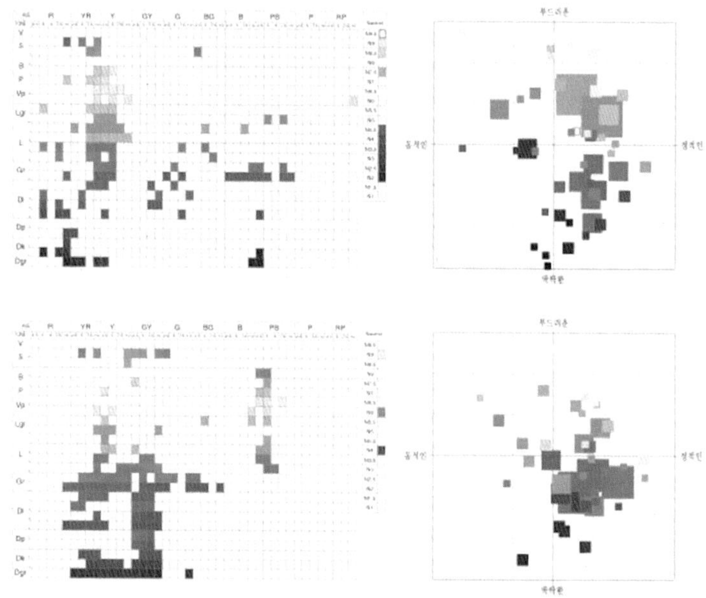

〈그림 2-16〉 자연환경색(위)과 전통건축물색(아래)의
IRI Hue & Tone 분포와 Image Space 분포

자료: http://www.iridesign.co.kr

---

85) http://www.iridesign.co.kr/korean/color/index.html

우리나라의 전통건축에 사용된 재료에서 나타난 색채에 대한 또 다른 연구를 살펴보면 YR, Y, R,계열에 전체 색상의 83.8%가 집중되었고, 고명도와 중명도에 전체의 74.45%가, 전체 채도의 81.1%가 먼셀 채도단계 1-4에 집중되어 저채도를 나타내고 있다(<그림 2-17> 참조).86)

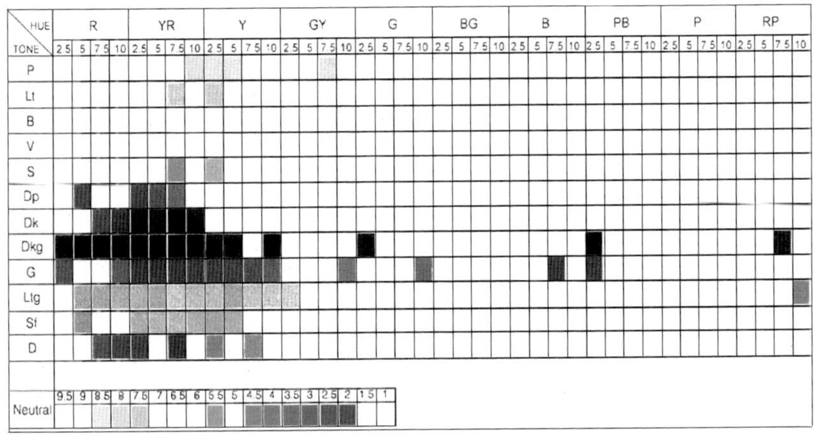

〈그림 2-17〉 전통 주택의 재료에서 나타나는 색채분포

자료: 이영진, "한국전통주택에 사용된 재료의 색채특성에 관한 연구"

그런데 <그림 2-16>과 <그림 2-17>에서 보여지는 재료의 색채 분포도는 약간의 차이가 있다. <그림 2-16>에서는 P와 RP계열의 색이 하나도 나타나지 않고 B와 PB계열에 꽤 많은 색채가 분포되어 있는 것을 볼 수 있으나 <그림 2-17>에서는 P계열과 BG계열에의 색상은 나타나지 않고, B, PB, RP계열에 약간의 색상이 분포하는 것을 알 수 있다. 또한 <그림 2-16>은 <그림 2-17>보다 녹색(GY)계열의 색상이, <그림 2-17>는 <그림 2-16>보다 붉은(R)계열의 색상이 더 많이 분포되어 보여지고 있다.

이와 같은 차이는 전통가옥의 재료적인 특성에서 온다고 보여진다. 즉, 앞

---

86) 이영진, "한국 전통주택에 사용된 재료의 색채특성에 관한 연구", 연세대학교 대학원 석사학위 논문, 2000, PP.81-82

에서도 밝혔듯이 자연재료의 소재색을 그대로 이용하였기 때문으로 보인다. 같은 소나무를 소재로 하여도 나타나는 색상은 같을 수 없다. 또한 자연 재료들은 세월이 지남에 따라 색의 변화를 나타낸다. 현재의 상태를 측색한 연구들이기 때문에 재료의 퇴색과 변색에 의해 색상의 차이가 나타날 수 있다.

<그림 2-16>은 서정원의 "한국 경관과의 조화를 위한 건축색채 계획에 관한 연구" 결과를 IRI H&T 체계와 Color Image Space로 분석한 것이다. 이 논문에서 색채를 조사한 대상은 지붕·벽·기둥·마루·문·기단·담 등을 중심으로 이루어져 있다. <그림 2-17>은 이외에도 굴뚝·천장·창호·난간·가구류를 측색의 대상으로 포함하고 있다. 이 중 가구류의 포함으로 인하여 R계열의 색상이 더 많이 조사된 것이 아닌가 추측된다. 실내에 놓인 가구들은 화각(華角)·나전칠기·칠을 이용하여 표면을 장식하는 경우가 많아 다른 구조재에 비해 화사한 색채를 보여준다.[87) <그림 2-18>을 보면 이러한 차이를 확실히 알 수 있는데 R계열에서 보여지는 색상 대부분이 목재류의 색채분포에서 나타나고 있음을 확인할 수 있다.

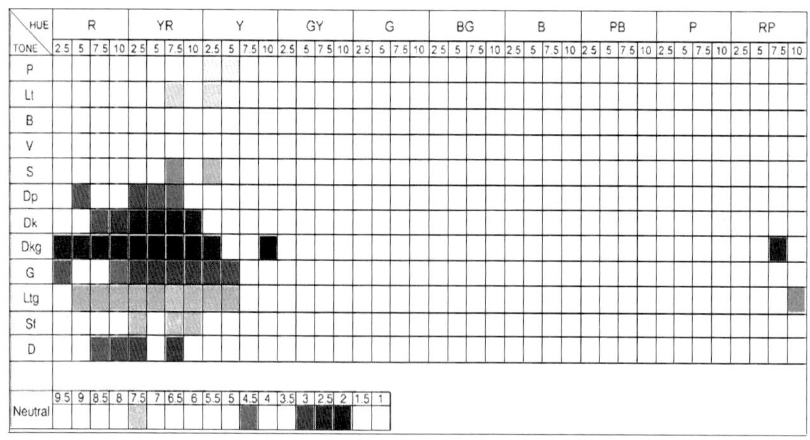

〈그림 2-18〉 목재류의 색채분포

자료: 이영진, "한국전통주택에 사용된 재료의 색채특성에 관한 연구"

---

87) 배만실, "한국전통색채론", 「이화여대논총(예능)」, 51호, 1986년 12월, p.268

　이상에서 살펴본 것을 정리하면 <그림 2-16>과 <그림 2-17>에서 보여지는 재료의 색채 분포 차이는 측색 대상의 차이와 자연 그대로의 재료를 사용한 전통가옥의 특성상 같은 소재라도 나타나는 색상의 차이가 있으며, 시간의 변화에 따른 퇴색과 변색에서 오는 색의 차이에 의한 것으로 볼 수 있다. 두 연구는 전통 재료는 갈색계열(Y계, YR계)의 색이 주조를 이루며, 명도는 중명도에서 고명도, 채도는 저채도가 주를 이룬다는 결과를 공통적으로 보여준다.

　실내의 경우에도 황토벽 그대로 이거나 한지로 도배하고, 바닥은 콩댐한 장판지로 마감하였으며 한지로 문을 발랐기 때문에 천연색을 그대로 활용한 데에는 차이가 없다. 실내에서 장식적인 요소가 되는 각종 공예품들은 대체적으로 저채도의 천연색이었고 한지문을 통해 스며드는 은은한 광선과 어우러져 편안하고 자극적이지 않은 실내환경을 조성하였다.[88]

〈표 2-4〉 전통주거의 실내마감표

구분	각실	바　닥	벽	천　장
상류주택	안방	●장판지 마감 ●황갈색의 장판지에 콩댐이나 솔방울 마감	●벽지마감 ●대부분 백색 벽지 ●후기: 낮은 채도의 벽지 ●영정조 시대:능화지	●반자지 마감 ●초기: 백색 ●후기: －저채도·고명도의 화문지 －분홍바탕에 녹색무늬 －연한 파랑에 금·은분 무늬 －분홍과 녹색의 색조차 문양
	대청	●우물마루 ●아자형 마루 ●나무위에 주토를 칠하거나 콩댐	●벽지마감 ●회반죽마감 ●창호지 마감 ●안방과 건넌방 사이: 불발기 ●앞마당쪽: 분합문 ●뒷마당쪽: 쌍여닫이	●연등천장 ●소나무 환목을 껍질만 벗긴 나무결이 드러나 서까래와 흰색의 회반죽 마감

---

88) http://chonhyang.com

구분	각실	바 닥	벽	천 장
상류주택	부엌	• 흙바닥마감 • 찬간: 마루	• 토벽 • 삼면이 문 • 앞·뒷마당쪽: 판장문 • 안방쪽: 외짝지게문 또는 미닫이문	• 연등천장 • 상천장
	사랑방	• 장판지 마감 • 황갈색의 장판지에 콩댐이나 솔방울 마감	• 벽지마감 • 대부분 백색 벽지	• 반자지 마감 • 초기: 백색 • 후기: 색지 (청색, 녹색, 오색, 황색)

자료: 신인호, "한국 전통 주택의 실내색채 구성방법에 관한 연구"

실내공간의 건축적 요소에서 보여지는 색상도 벽과 천장의 백색과 Y계열의 노랑기미를 띠는 바닥이 대부분이며, 기둥이나 창호에서 보여지는 목재도 YR계열의 색채를 띠고 있다. 그러나 전혀 다른 색조의 분포를 볼 수 있는 것이 있다. 바로 장식품에서 나타나는 색조이다. 실내공간의 장식품은 병풍·보료·방석·안석·장침·단침·족자·발·화로·고비 등이다.

<그림 2-19>를 보면 다양한 색조를 볼 수 있는데 특히 안방에서 나타나는 색채는 사랑방에서 나타나는 색채보다 풍부하여 녹색(G, GY, BG)계열의 색도 많으며, 같은 R, YR, Y계열의 색조라도 v와 b, s 등의 Tone이 나타난다. 이는 같은 병풍이라도 안방에는 자수나 채색화 등 다양한 색채가 사용되나 사랑방의 병풍은 서화 위주로 되어있기 때문이다.

신인호의 연구에 의하면 장식품에서 나타나는 명도와 채도는 고명도와 저채도에 가장 많이 분포되어 있어 건축적 재료에서 나타나는 것과 일치함을 보여준다. 그러나 안방에서는 고채도의 사용이 중채도보다 많이 나타나는 특징을 보여준다.

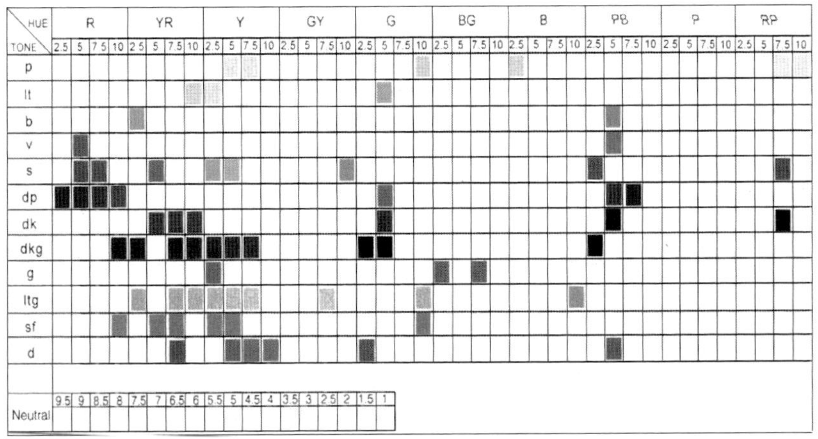

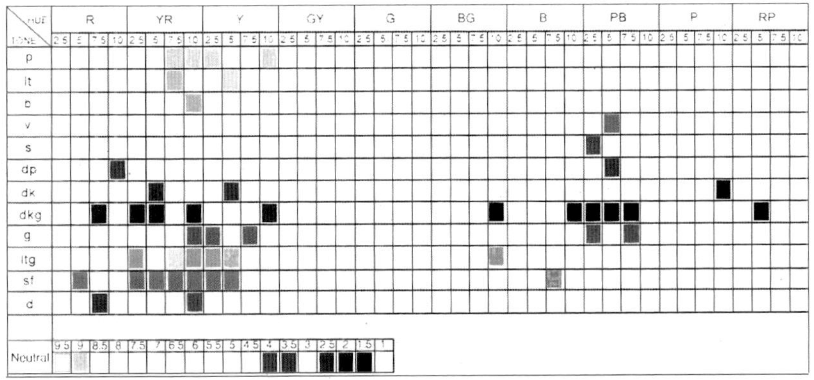

<그림 2-19> 안방(위)과 사랑방(아래)의 장식품에서 나타나는 색채분포

자료: 신인호, "한국 전통 주택의 실내색채 구성방법에 관한 연구"

앞의 <그림 2-16>, <그림 2-17> 그리고 <그림 2-19>를 보면 상당히 많은 색조가 보여진다. 즉 우리민족은 색의 사용을 자제해 왔고 흰색과 검은색을 위주로 한 무채색을 주로 사용해 왔다는 기존의 주장들과는 약간 상반된 결과를 보여준다. 이는 자연환경 가운데 생활하면서 숙지된 배색들을 사용하여 관찰자에게 거부감을 주지 않는 조화된 배색을 제공하기 때문이 아닌가 추측된다. 또한 실내공간에 사용된 주조색과 보조색은 차분하면서도 정적인 이미지를 가진 색으로 전체적으로 밝으면서 은은한 분위기를 만들어내고, 강렬한 원색 계열은 강조색으로 사용되어 관찰자에게 인식은 잘 안되지만 공간에 활력을 주는 역할을 하기 때문이다.

우리나라 색채를 지칭하는 용어 중 '청(靑)'은 파랑만을 의미하지는 않는다. 일반적으로 녹색과 그 유사색까지 모두 통틀어 지칭을 하고 있다. 또한 앞에서도 알아보았듯이 오방색은 단순히 다섯 가지 색상만을 의미하는 것이 아니라 광범위한 색상군을 포함하고 있으며, 이를 바탕으로 간색과 잡색에 이르는 다양한 색상으로 전개되었고 생활전반에 걸쳐 다양한 색상이 활용되었다. '한국의 색'은 원색적인 다섯 가지의 색상만으로 국한되지 않는 것이다. 이러한 담색조의 다양한 전통색상들에 대한 연구가 활발히 되고 충분히 활용되어야 할 것이다.

특히 이와 같은 배색의 원리와 색조의 사용은 현대의 실내에서도 분명 이용이 되어야할 방법이다. 더구나 그 공간이 생활이 위주인 주거 공간(숙박시설 포함)일 때에는 풍부한 색조를 사용하지만 너무 강렬하지 않고, 그러면서도 활력을 잃지 않는 배색은 가장 적합한 것이다. 이에 대한 연구 또한 활발히 진행되어야 할 것이다.

6) 가구 및 가구배치

가구는 작업, 휴식, 수납의 기능이 충족될 수 있는 인간행위 척도에 맞아야 한다. 이는 인간공학적인 입장에서 인간척도는 물론 심리적 휴먼 스케일까지 고려해야 한다는 의미이다. 가구는 사용자의 생활방식과 밀접한 관계를 가지는 요소로 가구의 배치와 물리적인 치수에 의해 공간을 사용하는 사람의 행태에 영향을 미치며, 가용공간의 면적 산출시 인간의 동작 치수와 함께 중요한 설정 기준이 되어 행위가 이루어지기 위한 공간의 크기 설정에 중요한 근거를 제시하는 요소이다.[89]

---

89) 서민우, "전통 실내공간에서 인체와 가구의 상관관계에 관한 연구", 국민대학교

　우리나라는 좌식생활이 기본으로 앞에서 천장고도 이에 따라 결정됨을 보았다. 방에 들어가는 가구들도 이 생활 방식이 기준이 되어 높이가 결정되었다. 단층장의 경우는 보통 100㎝이하이며, 2층장은 150㎝, 3층장은 180㎝이하로 되어있다. 삼층장처럼 5척이 넘으면 맨 윗부분은 사용하기가 불편하여 이층장이 흔하게 사용되었으며, 삼층장의 경우는 하단부에 서랍을 설치하여 기능적으로 불편한 문제들을 해결하였다. 단층장, 이층장, 삼층장의 크기는 층수가 많아질수록 가로, 세로, 높이가 모두 커졌는데 이는 각각에 있어 보기 좋은 비례가 되도록 하기 위해 크기를 조절한 것이다. 또한 단층장에서 삼층장으로 되면서 장의 높이가 2배, 3배로 늘어나지 않는다. 이 또한 사람이 방에 앉거나 무릎을 꿇은 상태에서 사용이 가능하도록 하기 위한 것이다.[90]

　최상헌의 연경당 조사 결과 실바닥 면적과 가구 및 기물의 점유면적비가 사랑방·안방 모두 25~30%의 점유비를 나타내며, 이곳에 작업역[91]과 통행영역을 포함시킨 경우에도 대체적으로 50~60%의 여유면적을 보이고 있어 심리적, 생리적으로 인간의 쾌적감과 안락감을 느끼도록 하고 있다. 또한 서민우는 한규설 대감댁을 조사한 연구에서 사랑채와 안채의 여러 방에서 가구의 점유면적비가 20%내에 있음과 40~60%의 여유면적비를 유지하고 있음을 밝히고 있다. 벽면에 대한 점유비도 14~17%이며, 벽면적의 여유면적비는 67~81%로 좌식생활로 인해 높은 가구의 사용이 적었음을 나타내고 있다.

　디자인대학원, 석사학위 논문, 1999, pp.19－20
90) 박영순·전정윤, "조선조 가구에 나타난 의장요소의 분석", 「대한가정학회지」 제29권 2호, 1991, p.96, 103, 110
91) 작업역: 인간이 일정한 장소에 있어서 신체의 각 부위를 움직였을 때 평면적이거나 수직적 또는 입체적인 영역의 공간이 만들어지는 것
　　생활역: 개인이나 복수의 사람이 일정한 공간 특별한 생활목적을 위하여 어떤 장소를 차지할 때 인체나 동작, 필요한 물건들과 그것들의 움직임에 따른 필요공간의 범위를 하나로 묶은 것이다. 생활역은 여유공간을 포함한다.

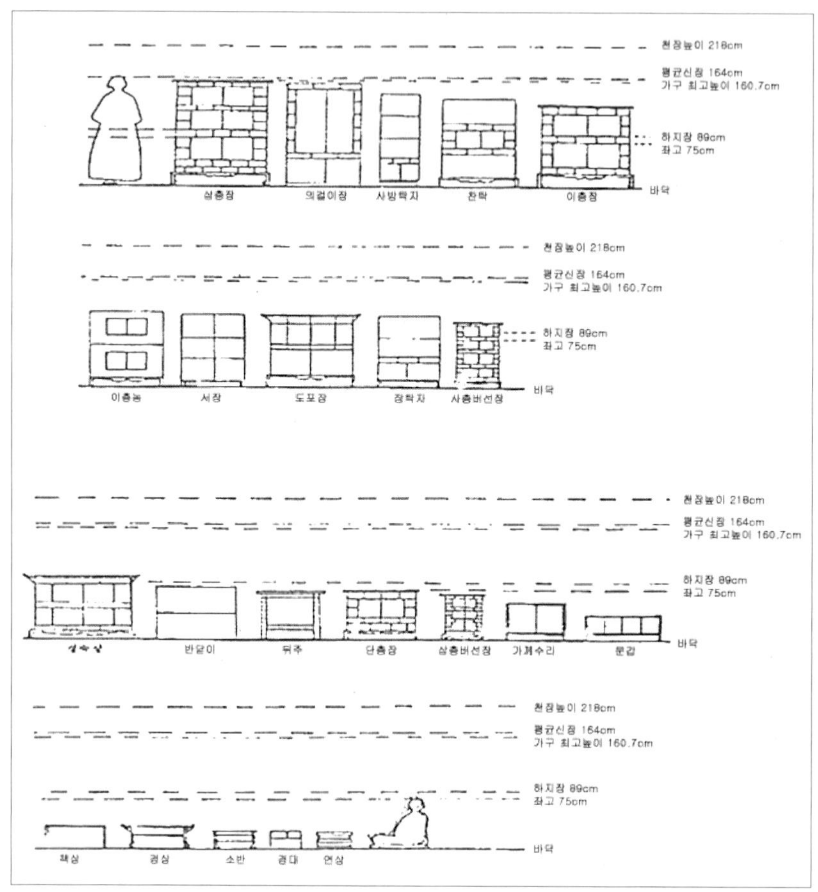

〈그림 2-20〉 가구의 높이와 인체비례

자료: 배만실, 「한국목가구의 전통양식」

　이는 한국 실내 공간 사용 방법의 특징 때문이 아닌가 한다. 좌식생활을 기본으로 하면서도 하나의 실내 공간은 부엌을 제외하고는 정해진 실의 기능이 있는 것이 아니라 때에 따라서 침실·식당·응접실 등의 다기능으로 사용되었기 때문이다.

　우리나라의 난방방식은 구들로 바닥 면에서 직접 열이 전달된다. 따라서 가구는 이러한 열기로부터 통풍을 위하여 장과 농의 다리를 높였다.92)

그러나 서양의 가구 다리는 긴데 반하여 우리가구는 다리가 짧다. 이 또한 좌식생활의 영향이며, 무게지각에 있어 구조적으로 심리적인 안정감을 나타내고, 모든 것이 바닥에 '놓여지는 형태'로 인식된다.[93]

한국 목가구의 가장 큰 특징은 몇 개의 직선으로 구성되어 진 간결한 선과 그 직선에 의하여 구획된 정사각형 혹은 직사각형 표면에 특별한 장식이 없이 정돈된 느낌을 주는 명확한 면에 있다. 간결한 선이란 곡선이나 많은 세선을 사용하지 않고 몇 개의 직선으로 구성되어 있음을 말하며, 명확한 면이란 그 직선에

〈그림 2-21〉 3층장

의하여 구획된 정사각형 혹은 직사각형 표면에 특별한 장식이 없어서 정돈된 느낌을 주는 것이다. 면 분할의 아름다움은 특히 장에서 잘 나타나는데, 그 뼈대의 구성이 전통창호 구성의 기본형처럼 격자로 분할되어 있고, 단정하게 대칭을 이룸으로써 면의 배치가 더욱 명확하게 나타난다.[94]

이러한 면분할은 넓은 판재로 가구를 제작할 경우 여름과 겨울의 큰 기온차에 의한 수축·팽창으로 생기는 가구의 휘어짐이나 터짐을 방지할 수 있으며, 작은 크기의 판재는 아름다운 목리(木理)를 손쉽게 수할 수 있고, 또 얇은 판재로 골재에 의지하여 힘을 받기에 충분하므로 가구의 하중을 줄이는 데 효과적인 방법이다.[95]

---

92) 서민우, "전통 실내공간에서 인체와 가구의 상관관계에 관한 연구", 국민대학교 디자인대학원, 석사학위 논문, 1999, p.40
93) 한경희, "한국현대가구에 있어서 전통성에 입각한 한국적 이미지의 적용과 방법론에 관한 연구", 「한국실내디자인학회 학회지」13호, 1997년 12월, p.103
94) 서민우, 앞의 책, p.49
95) 정용재, "조선시대 안방 가구의 조형적 특성에 관한 연구", 「한양여자대학교 논문집(예·체능·자연과학편)」24, 2001년 2월, p.334

단아한 비례와 짜임새 있는 구조, 소박한 금구장식, 못을 쓰지 않는 결구법 등도 특징이다.96) 우리나라는 많은 수종이 있고 재질과 색감, 목리문(木理文)이 다양하여 화장재(化粧材)는 특별한 경우 외에는 쓰지 않았으며, 인두질이나 기름행주질 정도로 하여 목재의 자연미를 최대한 살리는 방향으로 하였다.

(1) 안방가구

안방은 안채를 이루는 주요공간으로 여성들이 외부와 단절된 채 거처했던 음(陰)의 공간이다. 또 안방은 조선시대 상류주택의 실내공간 중에서도 공간구성상의 위계질서에 의해 상징적으로 중요한 위치에 있었을 뿐만 아니라, 목적에 따라 여러 가지 기능을 수용할 수 있도록 계획되어 있었다. 가족의 의·식·주를 담당하는 가정의 중심지로서, 의류와 침구류의 보관을 위한 수납용 가구를 중심으로 구성되었다.97)

안채의 가구는 색이 곱고 밝고 화사한 것이 특징이다. 사랑채용 가구보다 훨씬 화려하고 강렬한 것을 취하면서, 매만지며 잔재미를 느끼게 하는 정교함, 여성 취향의 형태와 채색(나전칠기·화각장·자수 등) 문양이 특징이며, 채색과 문양은 다산, 장수, 화목의 의미를 가진 것을 사용하였다.98)

---

96) 박영순 외, 「우리 옛집 이야기」, 열화당, 1998, pp.123−124
97) 박영순 외, 앞의 책, pp.144−148 발췌요약
98) 한경희, 앞의 책, p.103

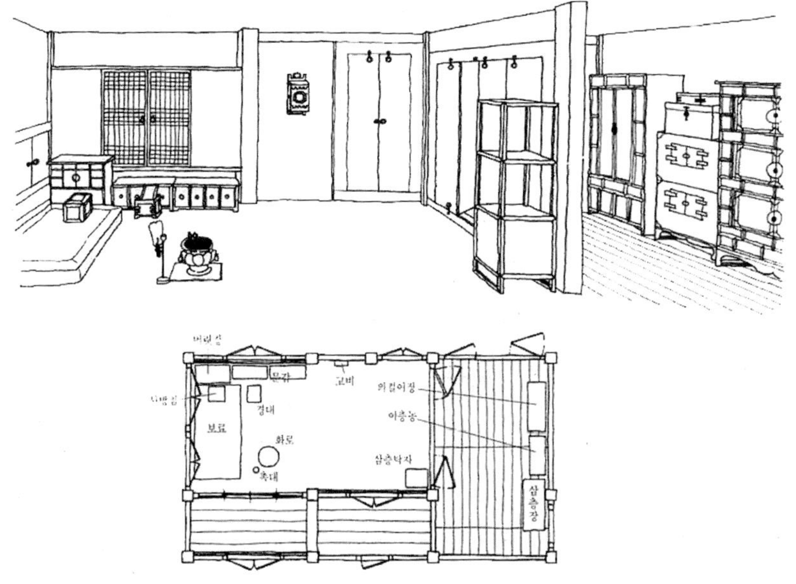

〈그림 2-22〉 추사고택 안방과 윗방의 가구배치

자료: 박영순 외, 「우리 옛집 이야기」

(2) 사랑방가구

사랑방은 사랑채를 이루는 주요공간이며 남자 주인의 거처이자 접객공간
으로 기거와 침식 이외에 독서, 사색, 접객, 휴식, 예술 등 많은 행위가 이루
어졌으므로 단순하며 기품 있는 문방가구와 소품들이 주류를 이루었다. 이러
한 기물들은 장식을 목적으로 한 것은 아니었는데, 이는 금욕적인 유교생활
에 젖은 선비의식으로 인해 실내장식을 중요하게 여기지 않았기 때문이었다.
오히려 화려하고 복잡함보다는 맑고 단순한 미적 감각을 표현하였다.[99]

인위적인 장식을 피하면서 간결한 선과 적정한 비례의 면분할과 목재
의 자연상태를 담담하게 표현하여 자연 나뭇결을 최선의 미적 표현으로
선비적 성격을 나타낸다. 비록 그 형태는 간결하지만 생활용품으로서의

---

99) 박영순 외, 앞의 책, pp.150-151

기능에 충실하면서 한국인의 독창적인 조형을 이루어 한국전통목가구의 정수를 만든 것이 바로 이 선비문화적 요소이다.[100]

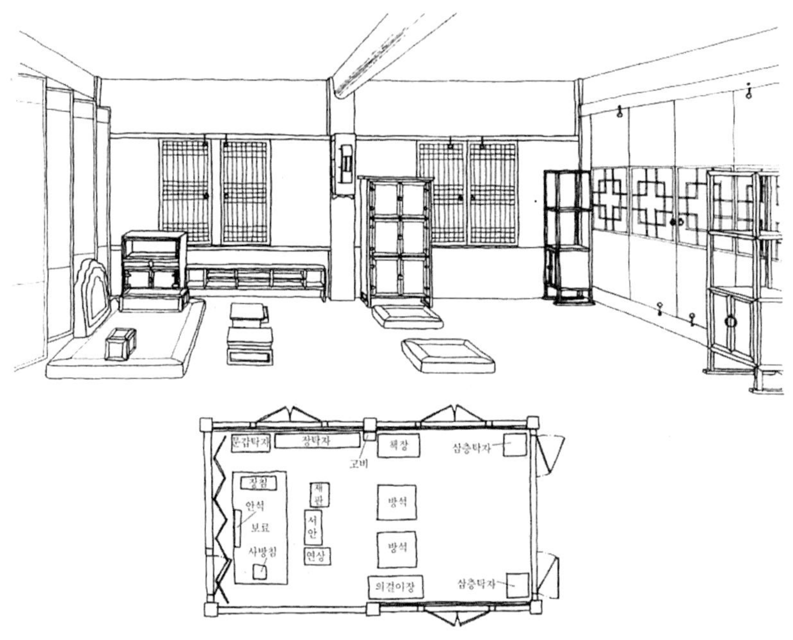

〈그림 2-23〉 추사고택 사랑방 가구 배치

자료: 박영순 외, 「우리 옛집 이야기」

(3) 부엌가구

전통주택에서 조리 행위가 이루어졌던 부엌은 크게 부뚜막, 수납영역, 작업 영역으로 구성되어 있는데, 조선시대 상류사회에서는 일반적으로 독상을 기본으로 하기 때문에 식기나 상 등이

〈그림 2-24〉 찬방

---

100) 이종석, 「한국의 목공예」, 열화당, 1986, p.100

여러 벌 필요하였다. 부엌에는 이들을 수납할 찬장이나 찬탁자와 같은 수
납가구가 비치되었으며, 곳에 따라서는 찬방이 따로 마련되어 수납용 가
구와 취사용품들을 배치하기도 하였다.

(4) 조명기구[101]

등기는 불을 붙여 어두운 곳을 밝게 하는 등촉기구를 말한다. 일반적으
로 '등잔'으로 불리어지는데, 등잔은 좁게는 등불을 켜는 그릇만을 가리키
지만, 넓게는 등화구(燈火具) 전체를 나타내기도 한다.

① 실내용 등기
실내에서 사용하던 등기는 등가와 등경, 촉대(촛대), 좌등 등이 있다.

등경은 등잔을 적당한 높이에 얹도록 한 등대로서 등경걸이라고도 부
르며, 신분의 구별없이 가장 애용된 실내의 등기양식이다.

걸이용 단이 없이 상반부에 등잔을 얹도록 만든 것을 등가라고 하며,
좌등은 주로 상류사회에서 사용된 실내 조명기구로 틀은 대부분 나무나
철로 장방형을 만들고 한쪽 혹은 사방에 여닫이문이 달려 있으며, 그 내
부에 촛대나 기름 등잔을 넣어 사용하였다. 간접조명 방식으로 바닥등이
라고도 하며, 실내의 적절한 공간에 놓여져 방 전체를 은은하게 비춰준다.

② 실외용 등기
제등은 등의 위에 손잡이를 만들어 이동하기에 편리하도록 만든 것으
로 등의 내부에 초를 넣은 것은 초롱, 등잔을 넣은 것은 등롱, 청사·홍사
를 씌운 것은 청사초롱, 홍사초롱이라 부른다. 청사·홍사초롱은 신분에
따라 구분을 하기도 하고, 주로 의·예식용으로 사용하였다. 나무로 골격
을 만든 지초롱은 조선중기 이후 밤길 나들이에 필수품으로 사용되었으

---

101) http://www.deungjan.or.kr

며, 조족등은 궁중의 빈전이나 순라꾼이 밤에 순찰을 돌 때 사용하였던 것으로, 그 형태가 박과 같다하여 박등, 도적을 잡을 때 사용한다 하여 도적등, 또는 조적등(照賊燈)이라고도 불렀다. 위쪽에는 손잡이를 붙이고 등의 내부에는 초를 꽂는 철제의 회전용 돌쩌귀가 있어, 등을 상하좌우 어느 방향으로 돌려도 촛불이 꺼지지 않는다.

괘등은 주로 벽이나 들보에 거는 외등 양식으로 제등과 비슷한 형태와 구조를 지녔으나, 제등에 비하여 크기가 다소 크다. 육면체의 나무틀에 유리를 끼워 내부에 등을 놓도록 만든 사방등이 있고, 양각등은 양의 뿔을 얇게 펴서 씌워 만든 것인데 여기에 채색화를 그렸다. 요사등은 오색의 초자옥(유리구슬)을 꿰어 육각의 형태로 만들어진 매우 화려한 등으로서, 주로 궁중에서 사용하였다.

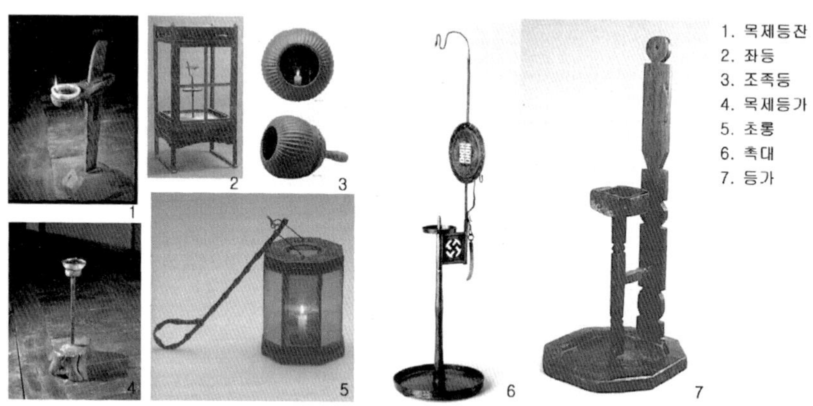

〈그림 2-25〉 여러 가지 등기구

2. 한옥 보전의 필요성

보전(Preservation)은 원형을 그대로 유지하여 전시적 가치로서 박물관화하는 극심한 보존(Conservation)이 아니라 현대 생활환경을 재생하여 활성화시키면서도 고유한 특성을 지키는 것을 말한다.[102]

현대에 살고 있는 우리는 이제까지 우리가 자연에 행해온 횡포와 그로 인한 자연의 파괴, 환경의 경고 등으로 자연과 함께 더불어 사는 방법에 대하여 연구를 하고 있다. 생태적이며 지속가능한 건축물에 대하여, 그리고 인간생활에 대하여 연구하고 실현하고자 노력하고 있으며, 이에 맞추어 일반인들의 관심도 점점 높아가고 있다. 따라서 생태관광, 그린관광이라는 형태의 관광이 점점 늘어나고 있으며 앞으로는 더욱 증가할 것으로 전망된다.

또한 지친 현대 생활에서 여유로움과 자연적인 생활을 그리워하는 사람들이 늘어나면서 과거의 것을 다시 돌아보고 있다. 엔틱 소재의 가구가 유행하며 몇 년 전부터 유행한 미니멀리즘의 영향으로 동양의 가구와 동양의 실내 분위기가 서양에도 많이 알려지고 관심이 증폭되었다.

그러나 막상 우리는 우리의 것을 제대로 보지 않고 있었으며, 그것의 활용에 대하여 무관심해 왔던 것이다. 앞에서도 정리하였듯이 한옥은 배치와 재료선택, 그리고 조영방법까지 자연에 순응하며, 자연 환경을 고려하여 되어있다.

기계적인 환기 시설을 하지 않아도 자연적으로 환기가 되도록 하여 맑은 공기를 실내에 제공하며, 열손실과 채광까지도 우리나라에 가장 적합한 방법으로 지어졌다. 재료 또한 모두 자연적인 것으로 수명이 다 되어 헐어낸다고 해도 다시 자연으로 돌아가거나 재활용이 가능한 상태인 것이

---

102) 연제진·최경숙, "서울시 한옥지구내 건축물의 특성 및 보전방향에 관한 연구", 「대한건축학회논문집」3권 4호 통권12호, 1987, p.78

다. 지금 우리가 관심을 가지고 연구하고 있으며 실험하고 있는 지속가능한 건축이 이미 우리에게는 있었던 것이다.

세계는 단일화된 문화가 형성되고 있지만 그에 따라 각 나라의 독특한 문화에 대한 관심도 커지고 있다. 따라서 그 나라만의 독특한 이미지를 전달하고 이를 통해 국가적 차원의 차별화를 이루는 것이 점점 더 중요한 의미를 가지게 된 것이다.

현대의 생활이 과거와는 많이 달라졌으므로 한옥을 예전과 완전히 똑같이 재현하고 보존할 것을 고집하는 것은 어리석은 일이다. 현대 생활에 맞게 활용을 하면서도 한옥이 가지고 있는 특성은 그대로 보전할 수 있는 방법을 찾아야 할 것이다.

제3장 문화관광자원으로서
한옥의 활용방안

1. 문화관광자원의 개념 및 특성분석

관광은 인간생활의 중요한 구성요소인 '문화'활동의 한 부분으로 인식되고 있고 인류문화사에 있어서도 관광은 異種文化의 교류 및 문화의 영역확장 측면에서 기여한 바 크다 할 수 있다. 또한 오늘날에는 관광자가 문화를 중심으로 한 관광행동을 추구하게 되면서, 단순히 보고 즐기는 원시적이고 전근대적인 관광형태에서 벗어나 배우고 습득하여 자신의 내적 성숙과 발전의 매개로서 그 개념변화를 보이고 있다.[1]

1) 문화관광의 개념

문화관광의 정의는 매우 다양한데, 사전적 의미의 '문화관광'은 "유적, 유물, 전통공예, 예술 등이 보전되거나 스며있는 지역으로의 관광, 또는 과거에 초점을 두고 관광하는 행위"라고 정의된다.[2] 이광진은 "협의의 문화관광은 문화적 동기에 의한 인간의 이동이고 광의의 문화관광이란 개인의 문화수준을 향상시키고 새로운 지식·경험·만남을 증가시키는 등 인간의 다양한 욕구를 충족시킨다는 관점에서 문화관광은 타국이나 타 지역의

---

1) 강명주, "남산골 한옥마을의 문화관광자원성에 관한 연구", 경희대학교 경영대학원 석사학위논문, 1999, p.1
2) 안종륜 편저, 「관광용어사전」, 법문사, 1985, p.28

생활양식이나 전통적 생활양식에 접하고 체험하는 관광활동"이라고 정의하였다.

　좀 더 구체적으로 보면 문화관광은 문화적 생산물, 즉 문화적 과정뿐 아니라 과정에서 기인된 상품을 의미하는 용어로서(MaCannell, 1976), 예술, 유적, 민속, 다양한 관광자의 문화적 표현의 소비를 설명하는데 사용되고 있다(Richards, 1993). 또한 세계 관광기구(WTO)는 문화관광(Cultural Tourism)을 협의로는 "학습여행, 예술·문화여행, 축제·문화행사 여행, 유적지방문, 자연학습여행, 민속, 예술 순례여행과 같은 본질적으로 문화적 동기에 의해서 비롯되는 사람들의 이동"인 것으로 정의하였다. 그러나 모든 관광은 인간의 다양한 요구를 충족시키며, 그에 따라 거의 대부분의 경우 관광객의 문화수준을 높이고 지식과 경험 및 만남의 기회를 넓히는 문화적 경험이므로 광의로서 문화관광은 '모든 사람들의 이동'으로 정의한다.[3]

〈표 3-1〉 전통적인 경승지관광과 문화관광의 비교

구 분	경승지 관광	문화관광
관광대상	주로 비인위적 자연자원	주로 인위적 인문자원
여행동기	관광의 기본적 욕구	문화적 욕구
활동내용	타지역의 자연경승을 감상	타문화권의 문화유산과 생생한 문화상을 감상 및 체험
관광객 특징	보편적인 관광객 상	비교적 고학력, 고소득층으로서 지적, 문화적 수준이 높아 문화에 대한 인식 및 이해능력이 높음
여행기간	일반 수준으로 각 행선지 별로 여행기간이 균일한 경향이 있음	상대적으로 길며 행선지별, 여행내용 별로 기간의 편차가 큼
관광소비	일반소비	상대적으로 소비수준이 높음
경제적 파급효과	소비대상이 비교적 고정적이어서 한정적 효과가 있음	문화적 욕구를 겨냥한 다양한 소비형태를 창조하여 다방면의 관광소비를 유도할 수 있으므로 경제적 파급효과가 큼

자료: 한국관광공사, 「관광정보」, 1995

---

3) http://www.world-tourism.org/

한국관광공사는 단지 문화적 동기를 가졌거나 문화자원을 소재로 한 관광만이 문화관광이 아니라 문화라는 관심분야에 초점을 맞춘 특정관심분야관광(SIT)[4]의 일종으로 SIT의 특성상 그 동기나 소재면에서 뿐만 아니라 활동 내용면에서도 "문화성"을 가져야 하며, 기존의 "보는 관광"의 차원에서 한 걸음 나아가 적극적 접촉과 교류를 통해 "문화를 체험하는 관광"이라고 정의하고 있다.

이상에서 살펴보면 문화관광이란 새로운 곳에서의 새로운 문화를 체험하고 경험을 하는 활동이라 정의할 수 있지만, 관광은 본질적으로 문화행동과 문화접촉으로[5] 자신에게 익숙하지 않은 지역이나 나라로의 여행은 사소한 것에서도 많은 것을 느끼고 영향을 받아 결국은 그 곳의 문화를 체험하게 되며 새로운 지식을 얻게 된다고 본다. 이것에 따르면 기존의 관광과 요즘 대두되는 문화관광과의 차이가 없다는 것이 된다.

그러나 문화관광과 기존의 관광과는 차이가 있다. 바로 여행을 하고자 하는 의도·목적이 학습에 있는 경우를 문화관광이라 할 수 있는 것이다. 즉, 적극성이 가미된 활동이 문화관광인 것이다.

2) 문화관광자원의 개념 및 특성

요즘에는 물질적 풍요보다 정신적 풍요를 중시하는 쪽으로 가치관이 변화하고 소비자의 교육수준 및 생활수준 상승에 따른 문화욕구가 증대되고 다양해졌으며, 전세계적 지방화시대를 맞이하여 독특한 지역문화에 대한 재평가가 이루어지고 지역민의 긍지와 자부심이 증대되어 그 발굴, 복원, 전승 노력이 활발해지고 있다. 또한 과거에 비해 정보·통신체계가 비약적으로 발달하여 타문화권에 대한 인식과 관심이 증대되고 운송수단의

---

4) Special Interest Tour: 각 개인이 특별히 관심을 갖는 분야에 대한 식견과 경험을 높이기 위해 특정 주제와 관계된 장소나 지역을 방문하는 단체 및 개별여행
5) 강명주, 앞의 책, p.7

급격한 발전으로 접근이 용이해졌으며, 이에 따라 소비자의 여행경험이 증가되어 만족수준이 높아지고 있다. 획일화·몰개성화 되어 가는 세계적 생활양식에 대한 반작용으로 독특한 지역문화에 대한 관심이 증대되고 있으며, '量'보다 '質' 위주의 관광을 선택하여 단순히 보고 즐기는 여행이 아닌, 직접적 체험을 통해 정신적 성숙을 기할 수 있는 여행을 선호하는 등의 이유로 문화관광이 대두되고 있는 실정이다.[6]

(1) 문화관광자원의 개념 및 유형

문화관광자원에 대해서는 일반적으로 "민족문화의 유산으로서 국민이 보존할만한 가치가 있고 관광객의 욕구를 충족시킬 수 있는 관광매력을 지닌 자원"으로 정의[7]하고 있다.

문화관광자원에 대한 정의를 전통문화자원 또는 문화재로만 인식하는 경우가 많으나 문화관광을 구성하는 자원은 사회, 문화적 요인으로서 지역과 국가에 따라서 서로 다른 특성을 지니고 있는 세시풍속, 민속, 음악, 무용, 종교, 언어, 생활양식 등의 무형적 제반 현상으로 구성된 인적요인과 인간의 비영리적 활동의 결과물로 나타난 각종의 물체 또는 시설물 등을 통해서 그 특성이 감지 될 수 있는 유형적 제반 현상인 물적 요인 예를 들어 각종 건축물, 유적, 사적 및 사적지, 각종 지정관광지, 유원지, 공원, 박물관, 영화관, 미술관 등의 구조물이나 시설물에서부터 음식물, 의상 등에 이르기까지 매우 다양하게 구성되어 있는 것이라 할 수 있다.

---

6) 차소희, 앞의 책, p.8
7) 김진식·채용식, "한국 향토문화제에 대한 상품화 방안", 「지방자치 경영연구」, 1995 겨울 제1권 제2호, pp.14-15

〈표 3-2〉 문화관광의 유형

문화관광의 유형	특 징	사 례
유적관광 (Heritage Tourism)	과거에 대한 향수와 다양한 문화적 환경을 경험하려는 욕구에 기반을 둔 유형과 무형의 유적을 소재로 한 관광	-이집트 피라미드 탐방 -유럽의 박물관 순례 -민속축제 참관
예술관광 (Arts Tourism)	미술, 조각, 연극, 기타 인간 표현과 노력의 창조적 형태를 경험하는 여행	-파리 화랑 순례 -반 고호 서거 100주년 기념행사
교육여행 (Educational Tourism)	특정분야에 대한 배움의 목적을 충족시켜줄 수 있는 경험을 위주로 한 여행	-어학연수여행 -음악연수여행
종족생활체험관광 (Ethnic Tourism)	살아있는 문화인 인간과의 실제적 접촉을 통해 이민족의 생활문화를 생생하게 체험하는 여행	-태국 고산족 탐방여행 -보르네오 통나무집 거주민 탐방여행 -자바 인형극마을 탐방여행

자료: 한국관광공사, 「관광정보」, 1995

(2) 전통문화유산의 관광자원화

전통문화란 한 민족과 국민의 독자성을 지닌 문화양상으로 내면화되어 손쉽게 변하지 않는 고유한 문화로서 그 지역의 구성원들이 공유하는 원류적(原流的) 문화이다. 각 지방에 독특하게 형성된 지역문화가 다양성을 갖는다면 전통문화는 영속성과 통합성을 갖는다. 결국 전통문화는 과거부터 현재까지 변화를 겪으면서 영속적으로 존재의미가 있는 조상들의 지혜의 총체이므로 현대와 미래의 문화창조를 풍요롭게 해주는 새로운 문화창조의 원동력이며, 길잡이적인 역할을 한다.[8]

최근 역사적, 문화적 유산을 토대로 한 문화유산관광은 급속히 발달했으며, 전 세계적인 현상이 되었다. 문화유산은 관광산업에 가치 있는 마케팅의 주제가 될 뿐 아니라 자연적, 문화적으로 중요한 지역의 보호활동을

---

8) 김도희, 앞의 책, p.165

위한 재원을 제공한다는 측면에 그 중요성이 있다. 문화유산 관광은 단순히 관광자원으로서 볼거리를 구경하는 것에 그치는 것이 아니라, 과거를 통해 현재를 이해하고 미래를 조명할 수 있는 기회가 될 수 있다. 문화관광은 현대인들의 정서를 위해 가장 바람직한 관광형태라 할 수 있다.

우리나라의 역사·문화자원은 우리민족의 유구한 자주적 문화정신과 지혜가 담겨있는 보전 가치가 높은 역사적 소산으로 우리의 문화유산을 해외에 널리 소개할 수 있는 매우 중요한 관광자원으로 종류로는 유형문화재, 무형문화재, 기념물, 민속자료가 있다.[9]

특히 경주군의 월성양동마을, 안동의 하회마을, 전남 순천의 낙안읍성마을, 고성군의 왕곡마을, 아산의 외암마을, 제주의 성읍마을 등의 전통민속마을은 우리 민족 고유의 민속을 잘 간직하고 있고 자연적으로 생성된 마을로서 유형·무형의 사회·문화적 요소가 결집되어 있는 곳으로, 살아있는 박물관으로서의 문화유적지임과 동시에 관광객들이 우리민족의 생활문화를 생생하게 체험할 수 있는 좋은 조건을 갖추고 있다.

이와 같은 전통문화에 대한 개발은 관광자원은 적극적으로 개발하지만 환경과 주변 건축물, 그리고 생활양식 등의 문화적 자원은 보전하고 지속성을 보장해주는 그래서 장기적으로는 후세 사람들도 자원으로 이용할 수 있도록 지속가능한 개발(sustainable development)이 되어야 한다.[10]

문화유산은 관광자원으로서 직·간접적으로 지역경제의 수입 증대를 가져오는 경제적 가치가 있으며, 관광객은 타 지역의 문화유산에 대한 이해를 높이고, 지역주민은 자신이 보유하고 있는 문화유산에 대한 자긍심과 이해를 증진시킬 수 있어 애향심도 높아진다. 또한 문화와 역사를 체계적으로 보전하고 이를 적정 한계 내에서 보호하기 때문에 관광환경이 더욱 향상될 수 있는 환경적 관점에서도 가치가 크다.[11]

---

9) 문화관광부, 「2001 관광동향에 관한 연차보고서」, 문화관광부, 2001, pp.156-160 발췌요약

10) 김도희, 앞의 책, p.5-6

11) 김도희, 앞의 책, p.64

우리나라는 전국토가 박물관이라 할만큼 풍부하고 독특한 유형·무형의 문화적 유산을 가지고 있다. 이처럼 문화관광자원이 풍부함에도 불구하고 도시화와 산업화 과정에서 많이 훼손되고 있으며, 계속적으로 발굴, 정비, 복원은 되고 있으나 매우 미흡한 상황이다. 기존의 관광자원개발은 자연관광자원을 정비·개발하고 유형문화재에 대한 보존과 개발에 역점을 두어왔다. 그러나 문화체험에 대한 욕구가 점점 커지고 있는 현실에서 유형·무형의 문화재자원의 보존·관리뿐만이 아니라 이를 적극적으로 홍보하고 각종 시설자원을 확충, 창조적인 문화적 이벤트의 운영 등 문화관광자원으로 활용해야 할 것이다.12)

2. 숙박시설의 문화관광상품화

인간의 이동은 그것이 비록 먹이를 구하기 위해서, 또는 영토의 확장을 위해서든 인류가 생성함과 동시에 이루어졌다. 이러한 모든 이동을 여행이라고 할 수는 없지만 여기에서부터 여행은 시작되었다고 볼 수 있으며, 그만큼 역사가 긴 것이다. 여행에는 반드시 잠을 자기 위한 무엇인가가 필요한 것이며, 따라서 숙박시설의 발달이 필요했음을 알 수 있다.

숙박시설은 여행자에게 주로 수면과 음식에 관계되는 서비스를 제공함으로써 목적지에서의 체제를 가능케 하는 시설을 가리킨다. 한마디로 숙박시설이라 해도 호텔, 모텔, 여관, 펜션, 콘도미니엄, 민박, 그리고 공적시설로서 유스호스텔 등의 다양한 시설이 존재한다.13)

---

12) 강명주, 앞의 책, p.18
13) 오충섭, "외래관광객 유치를 위한 민박활성화 방안에 관한 연구", 연세대학교 경영대학원 석사학위 논문, 1998, p.17

1) 우리나라 숙박시설의 변천[14]

(1) 삼국시대~고려시대

삼국시대의 여행계층은 왕, 귀족, 승려, 학생 등의 지배계층이 주종을 이루고 관제의 공용여행과 상인들의 이동, 씨족들의 이주, 군사상의 이동 등이 당시의 여행형태였다. 이들은 사냥이나 유람·순수(巡狩)·활쏘기와 활쏘기관람·연회 등과 불교의 승려들과 학승들에 의한 경전을 배우기 위한 학술적인 목적으로 고구려, 백제, 신라 각 나라로의 여행과 중국, 일본으로의 해외여행도 있었다. 이 당시의 여행은 수로 봄과 가을로 시기를 택하고 있으며 숙소는 귀족의 집이나 산중의 절을 이용하였다.

또한 국가체제가 점차 발전하면서 영토확장을 꾀하고 지방의 통치를 원만히 하기 위해 역제(驛制)를 통하여 중앙과 지방과의 교통을 연결하였다. 역제는 삼국시대의 고대국가체제 확립기에 설치되어 고려시대를 거쳐 조선시대에 이르러 전국적인 역로조직망을 형성하게 되었던 것으로 군사적인 성격이 크게 작용하면서 생겨난 관영숙박시설이다. 교통 통신기관으로서 공무로 왕래하는 관리에게 교통 및 숙박의 편의제공을 하고, 官物의 수송 그리고 변방의 군사정보 및 행정명령인 공문서를 전달하는 전명체계(傳命體系)이며, 중앙과 지방을 연결해 주는 커뮤니케이션 기능을 하였다. 역제는 통치권력의 유지에 커다란 역할을 하였다.[15]

신라에 의한 삼국통일이 이루어진 통일신라시대에는 귀족들의 호화스러운 생활로 인하여 경주를 비롯하여 사치와 향락성의 여행이 잦았던 때였다. 또한 부의 소유와는 달리 승려들의 유학으로 인도나 중국에로의 여행을 하고 돌아온 후에도 종파에 의한 전도여행이 성행하였다. 상업에 있

---

14) 오정환, "호텔경영의 변천과정에 관한 국제비교 연구", 단국대학교 대학원 박사학위 논문, 1991, pp.120−146 발췌요약
15) 이동진, "우리나라 숙박시설의 변천에 관한 연구", 세종대학교 경영대학원 석사학위논문, 1992, p.80

어서도 당과 일본을 상대로 한 해상무역이 성행하였던 시기로 역제는 중앙과 지방을 연결하는 통신 및 수송의 역할을 하면서 특수 기관으로 경도역(京都驛)을 두어 그 업무를 전담하도록 하였다. 또한 당과의 무역에서는 신라인이 당(唐)에 가서 머물 수 있는 '신라방(新羅坊)'이라는 유숙소가 설치되어 있었다. 당의 登州에서 장안(당시 수도)으로 가는 길목에 신라 사신이나 상인, 또한 학생 등의 여행자를 위하여 신라관(新羅館)이나 신라원(新羅院)이 설치되고 있어 그들의 숙박과 접대 및 휴식에 대비하고 있었다. 이와 같은 시설들은 멀리 당나라에 존재하고 있었으나, 우리 조상들이 설치하고 이용하던 전용적인 숙박시설로서 그 역사적 의의가 크다.

고려시대에는 왕권제도를 정비하고, 밖으로 지방을 개척(開拓)하고 구유족(舊遺族)과 향호(鄕毫)들을 포섭하고, 불교를 보호하여 새로운 지배체제를 구축하였지만 수 차례에 걸친 몽고군의 침입과 홍건적(紅巾賊)과 왜적(倭賊)의 침략 등으로 군사상의 이동과 불교문화의 호국(팔만대장경 등)으로 불사가 성행하던 중에 승려들과 신자들의 이동이 빈번하였던 시기이다. 한편으로는 유교가 중시되어 국자감, 향교, 사숙(私塾) 등이 설치되면서, 유생들의 이동이 많았다.

또한 역제가 발달하여 역전계통(驛傳系統)은 전국에 걸쳐 525개소가 설치되어 있었다. 또한 공설주막(公設酒幕)이 처음으로 개설되어 이곳에서 선비들이 쉬며 술을 마시고 풍류를 읊었던 것이다. 스님들은 절을 여관처럼 사용하기도 하고 여관업을 겸하기도 하여 숙식은 물론, 술을 빚어 팔기도 하였다.

성종 11년에는 譯關江捕라 하여 일반행인이나 상인들의 숙소로 제공되기도 하고, 국가적 사무를 띤 관리들에게는 원이라 하여 숙식을 제공하고 있었다. 원은 역과 같은 관영숙박시설로, 기능은 역(驛)·참(站)·관(館)과 같은 공용여행자를 위한 공적 기능과 주점·여인숙처럼 사적 기능을 동시에 지니고 있었다. 원은 공용여행자나 일반 상인이나 여행자에게 숙식을 제공하고, 심신의 휴식처로서의 역할을 담당하였다. 이밖에도 원은 그 위치에 따라 국왕의 지방순행 시 일반 주역소(駐驛所)가 되는가 하면, 중국사신의 유숙처(留宿處), 혹은 기로(耆老)들의 회합장소가 되기도 하였다.16) 원우의 구조를 살펴보면 宿泊室, 위방(尉房), 청실(廳室) 등과 마방(馬房)이 있었고 부속건물로서 누(樓)와 정(亭)이 있는 곳도 많았다. 특히 1976년에 발견된 문경군의 조령원지(鳥嶺院地)는 신라중엽이나 고려 초기에 시설된 最古의 것으로 밝혀졌으며, 이들은 고려의 온돌지(33평), 귀틀집(조선시대의 온돌지 53평), 대장간(5평), 누각(9평), 마방(8평) 등의 구조를 이루고 있다.[17]

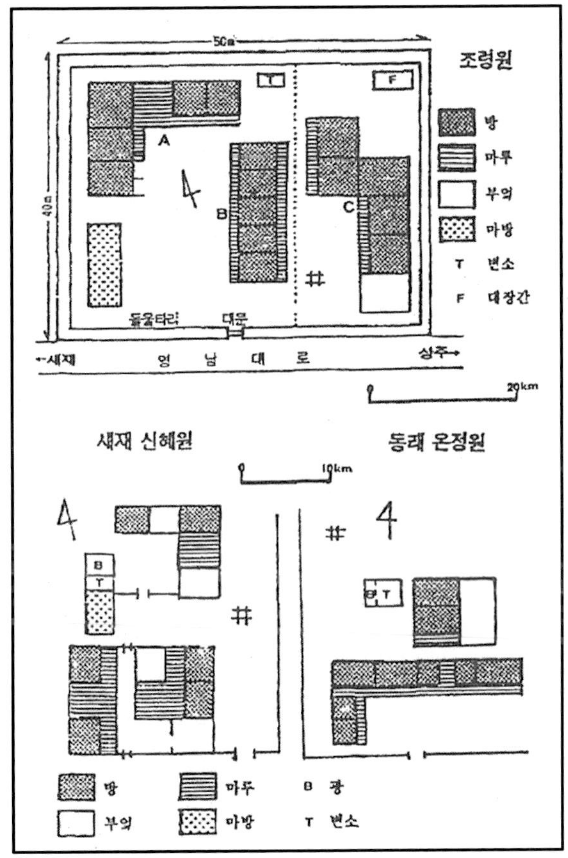

〈그림 3-1〉 영남대로 상의 주요 원의 평면복원도

자료: 최영준, 「영남대로」

---

16) 이동진, 앞의 책, p.38
17) 임병섭편저, 「문경군지」, 1982, pp.103-105

(2) 조선시대 숙박시설

조선시대에는 양반, 중인, 상민 및 천인의 사회조직에서 적어도 중인이상 귀족들의 직업 선택이나 주거이전의 자유가 있어서 여행과 이동이 원활하였을 것이다. 이 시대에는 유람·공무·과거응시·종교·상업 등의 이유로 사람들의 이동이 있었으며, 여행목적지로써는 금강산이 가장 인기 있었다.

상업적으로는 명나라와 조공이란 명목아래 관무역(官貿易)과 사무역(私貿易)이 성행하였고, 왜(倭)와의 통상으로 무역왕래가 잦았다. 당시 왜의 사행(使行)이 서울에서 유숙하는 곳을 '동평관(東平館)'이라 하였다. 그리고 김종서로 하여금 두만강변의 야인을 몰아내기 위하여 육진(六鎭)을 설치하여 남부의 백성들을 이주시켜 살게 하였으며, 이러한 과정에서 군사적으로는 긴급사태 시에 이용되는 역마제(驛馬制)가 발달하여 경국대전에 의하면 전국 41개도에 537여개의 역(驛)이 있었다.

조선 초 조정에 의하여 계획되고 체계화되었던 원제도는 17세기초를 전후하여 그 기능을 상실하기에 이르러 18세기 이전에 쇠퇴하고 객점이나 주막 등으로 불리는 상업적인 전문 숙박업소로 대치되었는데 그 이유는 다음과 같다.

원은 우역(郵驛)의 보조기관으로 역과 분리되어 있었으므로 여행자가 말 또는 교자를 바꿔 타고 문서를 전달하는 장소와 숙식을 제공받는 장소가 일치하지 않아 이용이 불편하였기 때문에 주로 말단관리들이 이용하였고 고관들은 역관이나 읍의 객사를 이용하여 조정의 관심을 끌지 못하였다. 그리고 고려시대의 원은 상업기능을 보유하고 있었지만 이를 국유화한 조선 조정에서는 원에서의 교역행위를 금지하고 대신 원주전(院主田)을 지급하였으나 영세한 토지만으로는 운영이 곤란하여 임진왜란·병자호란 이후 혼란기에 대부분의 원주인들이 그 직을 포기하였다. 또한 원주인들은 전직 승려나 양인 중에서 임명되었음에도 불구하고 조선사회에서는 이들을 양인 이하로 취급하여 원주인들의 사기가 저하되었던 것도 쇠퇴의 원인 중 하나이다.[18)

사적으로 여행하는 일반인은 사설숙소인 店(酒幕)을 주로 이용하였다.

공인(특정한 상품을 전매 할 수 있는 특권을 나라에서 받고 대신 납세의 의무를 갖는 어용상인)들은 서울의 시전(市廛)뿐만 아니라 지방의 장시(場市)를 중심으로 활동하면서 常設市를 세우고 장시의 보부상들은 도매업뿐이 아니고 여관업으로서의 객주 및 여각들을 이용하게 되었다.

객주라는 말은 객상의 주인이라는 뜻으로 상품유통과정에서 최상·최초의 단계를 널리 포섭하는 상인 중에서 가장 자본계급을 대표하고 있다. 객주의 주요업무는 위탁판매이며, 부수 업무로 금융거래·창고업·운송업·여숙업 내지 어음의 발행·인수 등에 이르기까지 광범위하였다. 이러한 부수 업무에 따라 객주를 여러 가지 유형으로 나눌 수가 있는데, 보통 객주라 하면 객주의 원형인 물상객주(물산객주)를 가리키는 것으로 위탁판매를 주업으로 하여, 기타 금융·운송·창고·여숙·내지(乃至) 어음의 발행·인수 등을 부업으로 하는 자이다.

여각은 업무내용은 물상객주와 같으나 그 시설에 있어서 창고·마방 등이 있고, 쌀·소금·과일과 채소 등을 다루며, 그 장소가 浦港에 있었던 것을 말하나 후대에 와서는 물상객주와 여각의 구별이 점차 없어졌다.

이 외에도 청선객주(淸船客主)라고도 하였던 만상객주(灣商客主)와 보상(褓商)을 상대로 하는 보상객주, 상당한 자본을 가지고 대금업(貸金業)을 하던 환전객주, 일반 가정의 일용품을 다루는 「무시로」객주가 있다. 보행객주(步行客主)는 위탁판매는 하지 않고 일반인을 상대로 하는 숙박만을 전업으로 하는 곳으로 주막보다는 여러 모로 고급이고 객실·대우 등도 좋아서 중류 이상의 양반계급이 숙박하던 곳이었다. 여각의 특수한 형태인 「경주인(京主人)」은 보행객주와 마찬가지로 숙박업이 주요업무이지만 중앙과 지방과의 연락을 담당하면서 일정한 신분을 가진 자(예: 지방관·향리 등)를 대상으로 하는 점이 다르다.

우리나라에 있어 객주나 여각은 사용여행자(私用旅行者)의 여숙(旅宿)

---

18) 이동진, 앞의 책, p.39

으로서의 효시를 이룬다고 할 수 있으며, 이는 사상(私商)의 발달과 밀접한 관계를 가지고 있음이 사실이다.[19]

주막이 여숙(旅宿)의 업무를 담당하던 시기는 17세기 후반으로 보는 것이 타당할 것이다. 17·8세기에 이르러 대동법의 실시로 사회적·경제적 변화에 따라 여행자의 수가 급증하고, 이들을 수용할 휴식시설이 필요했으나 조선 초기의 원은 이미 소멸된 것이나 다름이 없었으므로 여점(旅店)·야참(夜站)·주막(酒幕) 등으로 불리는 사설 숙박업소가 등장하게 된 것이다. 숙박업이라는 측면에서 볼 때 객주와 주막은 같이 취급하기도 하지만 성

〈그림 3-2〉 주막

격 면에서는 차이가 조금 있다. 전술한 역원(驛院)은 관용적 성격을 띠고 있으며, 객주·여각도 일반여행자 보다는 상인을 대상으로 한 숙박업소라고 볼 때, 주막은 가장 서민적인 숙박업소라 할 수 있으며 음식점의 성격을 띠는 곳도 많았다. 주막은 대개 일반 여염집과 별로 다를 바 없는 구조를 취하며, 여객을 위한 1, 2칸 정도의 온돌이 마련되어 있고 한 칸에는 10여명씩 혼숙하는 것이 보통이었다. 그리고 잠자리에 필요한 침구 등의 도구는 없이 방바닥에 자리나 거적 정도가 깔려있었다. 17세기 후반이후 사상(私商)의 발달로 점차 교통의 요지였던 참(站)부근에서부터 주막이 생기기 시작하여, 19세기초부터는 웬만한 시골에도 주막이 생기게 되었다.

(3) 근대 숙박시설의 발달

지금까지 우리나라 숙박시설은 유숙(留宿)으로부터 민박(民泊), 역관(驛

---

19) 이동진, 앞의 책, p.82-83

館), 객사(客舍), 원(院), 상관(商館), 영빈관(迎賓館), 객주(客主), 여각(旅閣) 및 주막(酒幕) 등의 이름에서 여관(旅館)으로 발전하고 있다. 외세에 의한 개항이 이루어진 1883년 이후 금융업을 비롯하여 운송업, 무역업, 여관업 및 요리업 등이 부분적으로 발전하는 중에 숙박업이 본격적으로 자리를 잡으면서, 1887년에는 서울에 정문루(井門樓)라는 일본고급요정과 숙박업의 전문으로 시천여관(市川旅館)이 충무로 2가에서 방 6개를 갖고 국영 호텔급으로 영업을 하고 있었다. 이 시기에 서울에 들어선 근대적 여관으로는 原因壓助, 萩園亭 등 3, 4개가 있었는데 대부분 일본풍으로 남산기슭에 있었다.

1900년 전후에 파성관(巴城館), 포미여관(浦尾旅館), 山口太助 등 8개의 여관이 있었고 1906년 세워진 不和火旅館은 객실이 30개인 서양풍의 근대식 철근 시멘트의 건물로 객실마다 서양식의 세면대와 탁상전화기가 처음으로 설치된 숙박시설이었다.

1910년 한일합방으로 일본의 식민지 정책 속에서도 여관업은 계속 발전하게 되어, 1927년을 접어들면서 철도역을 중심으로 전국에 여관이 449개소에 달하고, 특히 온천지를 중심으로도 여관이 속출하였다.

호텔의 경우는 1876년 병자수호조약(丙子修護條約)으로 인천, 부산, 원산 등의 개항과 더불어 일·미·영·불·이·독 등의 열강들이 한국진출이 성행하고, 또한 철도가 발달함에 따라 여행자들의 편의를 위해 생겨나기 시작했다. 최초의 호텔은 1888년 인천에 생겼던 대불(大佛)호텔로 벽돌 3층의 11개의 객실을 보유하였다. 서울에서는 1902년 독일인 Sontag이 지금의 정동에 손탁(Sontag)호텔을 건립하였다. 2층 건물인 손탁호텔은 윗층을 왕실의 귀빈을 모시는 객실로 사용하고 아래층은 보통객실, 식당, 회의장과 Sontag의 내실로 사용하였다. 손탁호텔은 우리나라의 서구식 호텔의 건축과 그 운영에 여관형태에서 벗어나는 일대 전환기를 가져다주었고 처음으로 서양식 식당(프랑스요리)을 차려 식당 발전사에도 한 장을 열어주었다. 이 호텔은 1909년 Sontag이 프랑스로 돌아감으로서, 1917년에 이화학당으로 바뀌어 사용되다가 1922년 헐리었다.

2) 민박의 관광자원화

외세에 의한 개항과 일제식민치하에 있으면서 우리는 우리의 전통을 계승하기가 어려웠으며, 더구나 부정적으로 보는 시각이 주입되어 현재에는 훌륭한 문화가 많이 소실되었다. 숙박시설도 마찬가지이다. 앞에서 살펴본 많은 우리 고유의 숙박형태는 그 명칭과 자취만 남아있을 뿐 현재에 전혀 계승되고 있지 않다. 앞에서 보았던 <그림 3-1>과 같은 숙박시설의 자료를 통하여 그 시설을 복원하여 활용한다면 훌륭한 문화관광자원이 될 수 있을 것이지만 이러한 전문 숙박시설에 대한 자료는 많이 부족한 실정이다. 또한 현재에 전혀 남아있지 않는 시설이므로 다시 복원하는 것에는 자금도 많이 든다.

따라서 전문숙박 시설은 아니지만 현재 남아있는 한옥을 이용하여 숙박시설로 이용하는 것도 한 방법이 될 것이므로 이에 대한 자료를 정리해 본다.

(1) 민박의 개념

민박이란 숙박을 전업으로 하지 않고, 개인 가정집에서 주인 손님들에게 적정한 수준의 대가를 받고 방을 빌려주면서 보통 한끼의 식사를 제공하며, 가족적 분위기를 주는 숙박시설의 형태이다. 영어로는 Homestay, Hosthome, B&B[20]라고 불리어지기도 하지만, 대체로 민박은 농촌·산촌·어촌이라는 자연환경을 토대로 하여 도시민을 위한 사업적 용어로서 사용되며 'homestay'는 도시에서 외국인을 대상으로 자녀의 언어능력과 문화교류 향상 목적으로 이루어지는 비사업적 용어로서 사용된다.[21] 따라서 민박이라는 용어를 영어로 번역한 것이 homestay의 의미와 일치하지는

---

20) Bed and Breakfast: 영국에서 민간인이 자기 집에서 여행자에게 숙박과 영국 전통 아침식사를 제공하고 대가를 받는 형태의 숙박시설
21) 장서희, "민박의 관광상품화 방안", 한양대학교 대학원 석사학위 논문, 2000, pp.11-12

않는 것으로 보인다. 비슷한 개념으로는 '하숙'도 있으나 '민박'은 단기 체류자를 위해 숙식을 제공하는 것을 말하는 반면 '하숙'은 장기 체류자를 위한 숙식제공을 의미한다.[22)]

또한 '민박'은 극히 비사업적 형태이거나 준사업적 형태로 이루어지는 경우가 많아서 모든 형태의 민박이 정확한 기준으로 분류되지 않으며 개념에 대한 정확한 정의도 내려져 있지는 않다. <표 3-4>는 여러 관계 종사자와 학계에서 내린 민박의 개념이다.

〈표 3-3〉 한국의 민박 개념

자료원	민박의 개념
한국관광공사	외국인 민박이란 보통 1일에서 3-4일간 또는 그 이상에 걸쳐 관광객이 민박가정으로부터 숙박과 식사를 제공받으며 그 나라의 생활양식과 문화를 체험할 수 있는 민박 숙박
농어촌 정비법 제66조	농촌지역에서 농업인이 농촌주택을 이용하여 이용객의 편의와 농가소득 증대를 목적으로 숙박·취사시설 등을 제공하는 것
제주대 지역발전 연구소	숙박이 본업이 아닌 농가에서 여행자의 숙박을 돕고 그에 대한 경비를 받는 숙박시설로서 계절적으로 혹은 임시적으로 실시하는 농어가의 부업
손대현 (한국문화정책개발원)	외국인이 한국의 가정에서 생활양식과 풍습 등의 문화를 한국인과 함께 체험하게 함으로써 한국 문화이미지와 국제감각을 높이고 세계 평화를 이루게 하는 민간외교의 중심
김향자 (한국관광연구원)	민박은 개인의 가정에서 외부인을 투숙시켜 숙식을 제공함으로서 그 지역의 문화, 풍습 등을 접할 수 있게 하는 숙박장소
장서희	사업적 형태의 민박: 주인의 생활주거 공간과 떨어져서 위치하는 분리된 건물을 수익만을 목적으로 운영하는 것 준사업적 형태의 민박: 주인의 생활주거 공간을 중심으로 운영되지만 그 외에 연결된 접객 공간이 존재하는 것 비사업적 형태의 민박: 주인의 생활주거 공간에서 이루어지며 주목적은 경제적 이득이 아닌 이문화체험, 교육, 상호이해, 취미, 국가적 이바지 등의 문화적, 사회적, 환경적 목적으로 운영된다.

---

22) 전영선, "홈스테이 여행상품의 운영실태와 문제점", 「외국인 대상 민박사업 활성화를 위한 심포지엄」, 한국관광공사, 1998, p.27

자료원	민박의 개념
안준섭 · 정재호	농촌민박은 과거와 같은 단순 숙박의 좁은 개념에서 벗어나 농촌의 자연환경, 넉넉한 인심, 시골정취, 자유로운 전원생활, 향수, 농촌정서, 농촌문화 체득, 전통문화 재현, 토속음식과 농특산물 판매 등의 넓은 의미를 내포하는 적극적 개념
김창식	지역주민이 관광객에게 향토적인 관광활동을 자극하기 위한 저렴한 숙박시설 및 설비를 갖추어서 일정의 요금을 받고 이를 이용하게 하는 행위로서, 숙박 이상을 허용하는 행위
정무형	도시나 농산어촌의 특정 가정집이나 숙소에 국내외에서 찾아온 방문객을 일정기간에 걸쳐 숙박이상을 허용하는 행위

일반 국민이 갖는 민박의 이미지는 하계휴가 시 계곡이나 해안, 강가로 여행을 떠날 때 일시적인 기존의 호텔, 여관, 콘도의 숙박시설 부족으로 인한 대체 숙박시설로서 바가지 요금과 시설미비, 불친절이다. 한편 외국인을 대상으로 하는 민박은 그동안 88년 서울올림픽, 94년 한국방문의 해 등 대규모 행사가 있을 때 임시적으로 사회봉사적 성격을 띠고 이루어졌다. 또한 친목단체나 재외동포, 종교적 단체, 어학관련단체 등에서 무료나 실비 또는 초청주최측에 부담하는 형태로 이루어졌다.[23]

  (2) 민박의 관광자원화[24]

  외국인이 이용하는 숙박시설은 호텔(85.1%), 여관·게스트하우스(8.5%), 친척 또는 친구집(7.3%), 민박(1.7%)의 순으로, 호텔을 많이 이용하고 있으며, 친척 또는 친구집에서의 숙박도 민박의 한 형태로 본다고 해도 민박의 비율은 9%에 머무르고 있어서 매우 적은 수만이 민박을 이용하고 있는 것으로 조사되었다.

  한국방문의 목적으로는 여가·위락·휴가가 50.1%로 가장 높았으며, 강

---

23) 오충섭, 앞의 책, pp.25−27 발췌요약
24) 한국관광공사, 「2001년 외래관광객 실태조사」, 한국관광공사, 2001, pp.33−121 발췌요약

명주의 연구논문에서는 여행목적 중 문화체험이 37%로 나타났다. 세계관광기구에 의하면 전세계 모든 여행의 37%가 문화관광의 형태를 포함하고 있으며, 이러한 관광 형태는 2000년까지 매년 15%씩 증가할 것이라고 추정하였다. 또 관광시장의 20%가 핵심 문화관광객으로 교육 수준이 높고 관광지출 수준이 많은 것으로 나타났다. 오충섭의 연구논문에 의하면 외국인이 민박을 하는 이유는 한국생활체험 (73.8%)이다. 즉 앞으로는 문화체험을 위한 관광이 늘어날 것이며 그에 따라 한국생활체험을 위한 민박의 이용도 늘어날 것으로 전망된다.

삶의 방식 변화는 여가 수준 질의 변화로 이어졌다. 외국인들은 우리나라에서 서울(82.5%), 부산(20.1%) 다음으로 민속촌(13.3%)을 방문하고 있으며, 한국여행 시 인상 깊었던 점으로는 '사람들이 친절하다'(58.6%)가 가장 많이 응답되었으며 그 다음은 '음식이 맛있다'(48.1%)이었다. '독특한 문화유산이 있다'는 35.8%로 다섯 번째로 조사되었으나 미국(69.8%)·캐나다(64.9%)·호주(62.9%)·영국(59.5%) 등 서구의 관광객은 이 항목을 친절도 다음으로 많이 응답을 하여 우리나라의 문화유산 체험에 대해 매우 흥미가 있었음을 나타내고 있다. 또한 앞서 밝혔듯이 외국인이 민박을 하는 이유는 한국생활체험 (73.8%)이므로[25] 숙박시설 자체를 관광자원화 하여야 하는 타당성이 있다고 하겠다.

이에 따라 문화관광부는 1999년 「관광진흥 5개년 계획」을 발표하면서 외국인에게 한국고유의 주거문화를 체험할 수 있는 숙박시설을 확충하고 한국의 전통가옥을 숙박시설로 활용하는 방안을 제시·추진하고 있는 실정이다. 또한 민박을 관광숙박시설의 일환으로 육성하고 있다.[26]

2000년 '2001년 한국방문의 해 성공을 위한 토론회'에서 일본국제관광진흥회 차장인 모리카와씨는 "외국인이 한국에 와서 '한국에 왔구나'라고 강하게 느끼게 하는 것은 한글간판과 한옥집 등이라고 하였으며, 지금 있는 재래 시장과 골목길이 줄어들면 한국인의 생활문화가 변질되어 외국인

---

25) 오충섭, 앞의 책, p.87
26) 문화관광부, 「관광비전 21 (관광진흥 5개년 계획)」, 문화관광부, 1999, p.45

에게 재미가 없는 나라가 되고 말 것"이라고 하였다. 또한 "전통을 살린 민속 여관을 만들어 한국의 풍취를 느낄 수 있게 할 것"을 제안하였다.[27]

민박을 문화관광자원으로서 이용하려면 다음의 사항을 고려해야 한다.

〈표 3-4〉 민박 문화의 기준요소

		기준요소
이벤트		향토 음식 만들기, 민속놀이(팽이치기, 재기차기, 윷놀이 등), 농산물 재배·수확·시식 체험, 전통 의식 및 생활 체험(다도, 차례, 서당 등), 토산품 및 민속품 생산 과정 참여
음　식	향토성	한국적·지역적 독특성 내포
	질	향토음식의 맛과 청결성
	메뉴의 다양성	음식 메뉴의 선택 폭이 넓은 것
전문성	민박 인력 및 관리의 전문성	한국문화 소개 능력, 주인의 차림새, 주인의 운영 능력
전통성	민박 건축의 전통성	옛 전통건축 집
	민박 내부 양식전통성	온돌형, 채나눔 형식, 한국문양 인테리어, 가구
지역성	지역성에 기반된 것	지역문화행사, 지역문화유적, 지역 특산물, 지역 기념품, 지역 자연 경관
친밀성	민박주인과 손님간의 상호 관계	민박 주인의 친절성
		민박 주인과의 사적인 대화

자료: 장서희, "민박의 문화관광상품화 방안", 2000

3. 전통건축의 활용사례

　현재 우리나라에서 살림집으로 사용되는 한옥을 제외하면, 음식점이나

---

27) 장서희, 앞의 책, p.31

찻집으로의 활용이 가장 많다. 또한 갤러리·사무실로의 활용도 많은 편이다. 앞서도 언급했듯이 한옥을 숙박시설로 이용하는 경우는 일반 살림집에서 민박의 형태로 이루어지고 있으며, 전문적으로 숙박시설로 사용되는 한옥은 이제 생기는 단계에 있다. 본 연구에서는 이들 중 몇 곳에 대한 사례조사와 분석을 통해 디자인 방향을 잡아보고자 한다.

또한 외국의 경우에도 전통건축물을 이용하여 공연장이나 갤러리, 음식점 등으로의 활용이 활발하다. 그 중 숙박시설로 이용하고 있는 경우를 일본과 유럽을 중심으로 조사하여 참고하고자 한다.

1) 우리나라 한옥의 활용사례

(1) 상업·업무시설로의 활용

① 민가다헌

* 위치: 서울시 종로구 경운동 66-7
* 주변볼거리: 인사동, 경복궁, 국립민속박물관, 북촌 한옥마을 등

민가다헌의 원 명칭은 민익두가로 서울시 사적(민속자료 제 15 호)으로 지정된 전통가옥이다. 구한말 명성황후 후손인 민익두씨가 살던 이 가옥은 일제시대 화신백화점을 설계했던 대표적 근대건축가 박길용 씨의 작품으로, 한옥에 현관을 만들고 화장실과 목욕탕을 내부로 넣고, 이를 연결하는 긴 복도를 둔 형태의 건축물이다. 이 건물은 1930년대 개량한옥의 역사를 보여주는 소중한 민속자료로 보존되어 있다. 이전까지 훼손되어 있던 이 주택은 2001년 서울시의 후원으로 보수되었다.

1. 전경   2. 다실
3. 연회실   4. 와인룸   5. 복도

〈그림 3-3〉 민가다헌의 내부

이 사례의 경우는 비교적 최근에 개조된 곳으로 전통과 현대의 조화를 잘 이루어냈다고 볼 수 있다. 물론 이 한옥이 지어진 시기가 개화기 때이고, 따라서 평면 자체가 개도기적인 배치를 하고 있어 설계 당시부터 욕실과 주방이 실내로 들어오고, 복도식을 채택하여 현재에 그 평면을 그대로 사용하여도 무리가 없었다는 점이 있기는 하다. 또한 상업시설이기 때문에 일반 주거공간으로의 사용을 위한 개조일 경우보다 디자인이 자유롭다는 이점도 있다.

그러나 연회실의 조명처럼 현대적인 디자인을 잘 조화시킨 점이 돋보인다. 전체적으로는 서양식 가구를 사용하고 있지만 한옥의 분위기를 훼손하지 않고 있다.

민가다헌의 평면은 오늘날 한옥을 새로 지을 경우 많은 참조가 될 수 있을 것이다.

② 한국의 집

* 위치: 서울특별시 중구 필동2가 80-2번지
* 주변볼거리: 남산골한옥마을, 명동, 인사동

〈그림 3-4〉 한국의 집 전경

(재)한국문화재보호재단이 전통문화의 계승과 보존을 위하여 관리 운영하고 있는 한국의 집(KOREA HOUSE)은 조선조 사육신의 한 사람인 박팽년의 사저터가 있던 곳으로 일제시대 정무총감 관저로 사용되다가 대한민국 정부수립 후 내외귀빈이 회합하는 영빈관으로 사용하였다.

1956~1957년에는 공보실에서 일부 확장 개수하였으며, 1957년 6월 24일 「한국의 집」으로 명명하여 한국의 전통생활문화를 소개하는 시설로 활용해 왔다. 1978~1980년 중요무형문화재 대목장 보유자인 신응수씨 등이 경복궁의 자경전을 본 뜬 전통적인 한국의 건축양식으로 전면 개축하여 오늘에 이르고 있다.

한국의 집은 2,160평의 대지 위에 건평 878평, 5개 동으로 본관인 해린관(가락당과 소화당으로 이루어져 있음), 민속극장(전통음악과 무용 매일 공연), 그리고, 3채의 별관건물(문향루, 녹음정, 청우정)로 이루어져 있다.

또한 인근에는 남산골 한옥마을이 (박영효 가옥 등 5채) 자리잡고 있어 우리 건축의 아름다움을 느낄 수 있다.

공연장이 있으며, 결혼식과 같은 행사를 할 수 있는 한국의 집은 여러 채의 한옥을 다목적 공간으로 활용하는 예이다. 민가다헌과 다르게 전통적인 공간을 재현하고 있는 곳이다.

그러나 이중창 중의 하나는 유리를 이용하여 창살이 겹쳐서 보이고, 조명시설에 전통적인 문양을 이용하고 있으나 배치에 있어서 우물반자와 어울리지 않는 등의 어색함을 보여주고 있다. 또한 실 내부에 전통가구를 배치하면서 에어컨디셔너와 옷걸이 등이 외부로 나와있어 어수선하고, 의·탁자가 한옥의 분위기를 살리고 있지 못하다.

전통가구를 디스플레이용만 배치하지 않고 실제적으로 사용할 수 있도록 하여 실내를 정돈하는 것이 필요하다. 전통과 현대의 조화가 아닌 전통의 재현을 위한 디자인이라면 조명기구도 천장에 매입하거나 벽 브라켓을 좀더 활용하는 방법을 사용하는 것이 더 효과적일 것이다.

③ 경인미술관 내 다원

* 위치: 서울시 종로구 관훈동 30-1, 110-300
* 주변 볼거리: 인사동, 경복궁, 국립민속박물관, 북촌 한옥마을 등

1983년 12월6일 개관한 경인미술관은 총500여 평의 대지에 제1,2,3 전시실과 야외전시장 그리고 각종 행사를 할 수 있는 야외무대와 스크린이 준비되어 있다. 제1 전시실은 1,2층으로 구성된 가장 큰 전시공간으로 2000년 1월에 Renovation하여 재개관하였고, 제2 전시실은 1999년 11월 신축된 한국 최초의 자연채광을 이용한 전면이 유리로 된 유리전시실이다. 제3 전시실은 1996년 박영효 저택의 남산골 이전 후 1997년 새로 지은 한옥으로 되어있다. 이 건물의 한쪽에 전통찻집 '다원'이 있다. 이외에도 아트 앤 크래프트샵과 티하우스가 있다.

1. 환벽루에 있는 부페식당   2. 환벽루와 이어진 소화당   3. 해린관의 홀
4. 청우정 내부 – 연회실   5. 영주실 내부   6. 화장실 문
7. 조명

〈그림 3-5〉 한국의 집 내부

　전통 한옥과 정원의 풍치를 그대로 살려 찾는 이들에게 즐거움을 주는 '다원'은 대청마루와 안방·건넌방을 모두 터서 차를 마실 수 있는 공간으로 만들고, 바깥 정원을 차 향기와 같이 완상할 수 있게 꾸민 곳이다. 특히 이곳의 자랑거리는 자동으로 개폐가 가능한 천장인데, 날씨 좋은 밤이

되면 열려진 천장을 통해 별이 쏟아지는 밤하늘을 바라볼 수 있어 낭만적이다. 또한 밖에 널찍하게 펼쳐진 정원은 동양적인 여백의 미를 살려 시원시원한 멋과 운치가 느껴진다. 돌로 된 연못 주변에는 목련나무, 석류나무, 감나무, 대추나무 등 많은 나무들이 자그마한 숲을 이루고 있고, 그 아래에 하얀색의 깔끔한 의자와 테이블이 곳곳에 놓여 있다.

〈그림 3-6〉 경인미술관 내 한옥의 외관과 내부

자료: 「가구가이드」, 2000년 2월호

경인미술관은 한옥의 활용사례에 있어서 빠져서는 안 될 것 같은 우리에게 매우 익숙한 공간이다. 주변 전시실과 티하우스 등의 건물을 현대적으로 신축해 예전과는 그 분위기가 많이 달라지기도 했지만 다원의 경우에는 전통의 실내를 잘 지키고 있다.

한옥의 공간미를 그대로 사용하고 있으며, 조명도 현대적인 것을 사용했지만 거의 눈에 띠지 않게 배치하고, 가구도 투박한 듯하면서도 정감이

가는 우리의 디자인 경향이 그대로 배어나고 있다. 바닥은 전돌을 이용해 전통미와 함께 물을 많이 사용하는 곳에서의 실용성도 살리고 있다.

④ 아키반 북촌 스튜디오

* 위치: 서울 종로구 가회동 11-16

아키반 북촌 스튜디오는 가회동 언덕빼기에 레벨 차가 3m 정도 되는 아래윗집을 묶어서 만들었다. 워낙은 네 채를 하나의 한옥 집합으로 조성할 작정이었으나 여러 가지 문제로 인해 두 채만으로 스튜디오를 만들게 되었다. 지금의 스튜디오 또한 계획은 위채는 기본 결구를 유지하되 현대 건축의 어휘로 재구성하고 아래채는 헐어낸 다음 위채에 맞춰 다시 지을 생각이었지만 건축법 개정이 이루어지지 않아 개조로 방향을 바꾸었다.

전혀 다른 모양과 다른 삶을 살아온 두 채의 집을 연결시키기 위해 아키반 김석철 소장은 몇 가지 원칙을 세웠다. 대문과 대문을 연결하는 매개공간을 두었으며 담과 벽을 분리하고 구조를 노출시키고 열린 공간이 되도록 한 것이다. 두 번째는 서로 딴 집이었던 두 집을 하나로 연결하기 위해 두 집 사이에 매개 공간을 두는 일이었다. 세 번째는 모든 골조를 노출시켰다. 한옥의 대부분을 차지하고 있는 것이 지붕인데 그 큰 지붕 밑에 또 천장을 주는 것은 지금의 설비시스템으로서는 무의미한 일이기 때문이다. 그래서 스튜디오의 조명을 가느다란 형광등과 들보 위에 부착하는 간접 조명으로만 했다. 네 번째는 꼭 필요한 벽을 제외하고는 다 열린 공간으로 만들었다. 이를 위해 대부분의 벽을 붙박이창으로 바꾸었다. 다섯 번째는 밤의 공간을 연출하는 일이었다. 밤에도 살아있는 집, 밤에도 열려 있는 집을 만들고자 한 것이다.

스튜디오는 축대를 사이에 두고 'ㄷ'자, 'ㅁ'자 집이 연결되어 있다. 'ㄷ'자인 위채는 열린 집으로, 'ㅁ'자인 아래채는 닫힌 집으로 만들어 음양이 조화되도록 했다. 아래채는 'ㄱ'자 몸채와 문간채가 사방을 에워싸고 있다. 작은 중정에는 박석이 깔려 있고 세월의 때가 묻은 기단 위로 새로 지은 집채가 나무 냄새를 풍기며 들어앉아 있다.

1. 위채 직원의 사무공간   2. 마당에서 본 위채   3. 아래채 사무공간   4. 입구에서 위채로 통하는 길
5. 위채 휴게공간에서 본 마당   6. 아래채 내부

〈그림 3-7〉 아키반 북촌 스튜디오 내부 사진

자료: 「concept」, 2002년 1월호

한옥 내부 공간을 잘 이용한 사례이다. 사무공간으로 이용하기 위해서는 수납의 기능이 많이 필요한데 벽면을 잘 이용하여 분위기를 이어갔으며, '한국의 집'에서 보듯이 이중창에 창살은 전통 그대로 두고 유리를 사용하여 어지럽게 보였던 것이 이 곳에서는 새로운 디자인으로 유리를 사용하여 보온과 유지보수를 쉽게 하였지만 전통의 느낌은 잃지 않고 있다.

즉, 전통을 완벽하게 재현하고자 하는 것이 아니라면 창호나 가구, 조명에 대해 재질과 형태, 문양에 대한 디자인은 반드시 따라와야 한다는 것을 알 수 있다.

(2) 숙박시설

① 지례예술촌

* 위   치: 경북 안동시 임동면 박곡리 산 769번지
* 주변볼거리: 안동하회마을, 병산서원, 안동댐, 임하댐, 안동민속박물
   관, 안동소주 전승관, 봉정사, 용계은행나무 등

이곳의 고택(古宅)들
은 조선 숙종 대자간을
역임한 지촌 김방걸 선
생의 종가로 1663년에
건립되었다고 한다. 정
자(□)형 본체(정면 5칸,
측면 5칸)에 사당, 방앗
간, 별묘, 곳간, 문간채
등 모두 6동으로 조선시
대의 전형적인 종가의
양식인데 지난 1989년

〈그림 3-8〉 지례예술촌 전경

자료: http://www.chirye.com/frame-k.htm

지촌 김방걸 선생의 종택인 지촌종택[28]과 지촌제청[29] 및 지산서당[30]이
임하댐의 건설로 인하여 수몰 위기에 처하자, 후손인 김원길 현 촌장께서
이 곳으로 이건하여 창작예술촌으로 조성하였다 한다. 1990년 문화부로부
터 예술촌으로 지정받았고 숙박으로 이용되는 객실은 현재 17개의 방 중

---

28) 芝村宗宅: 경상북도 문화재자료 제 44호 (1985. 8. 5),
    수량-6동, 형태 및 구조-'口'자형 목조와가
29) 芝村祭廳: 경상북도 문화재자료 제 46호 (1985. 8. 5)
    수량-3동, 형태 및 구조-목조와가
30) 芝山書堂: 경상북도 문화재자료 제 49호 (1985. 8. 5)
    수량-1동, 형태 및 구조-목조와가팔작지붕

14개 객실이 개방되어 전체 50여명 정도 수용 가능하다.

〈그림 3-9〉 지례예술촌 사진

　사진에서 보듯이 외관은 전통적인 한옥의 모습을 잘 간직하고 있다. 그러나 내부를 보면 많이 훼손된 모습이다. 가령 안채에 있는 방은 가구와 조명시설 등이 전혀 한옥과 어울리지 않는다. 더구나 공동식당의 경우에는 너무나 이질적인 모습을 보여주고, 새로 지은 공용 화장실은 그 외관부터 주변 건물과는 어울리지 않는다. 물론 내부도 마찬가지이다.

　즉, 주방 및 식당과 욕실·화장실의 내부 디자인과 방에 배치되는 가구에 대한 디자인이 요구된다.

　② 수애당

　* 위　　　치: 경북 안동시 임동면 수곡동 470-44번지

　*　주변볼거리: 안동하회마을, 병산서원, 안동댐, 임하댐, 안동민속박물관, 안동소주 전승관, 봉정사, 용계은행나무 등

　수애(水涯)　류진걸(柳震杰)선생이 1939년에 건립한 사가(私家)로, 건축주의 號를 따라 당호(堂號)를 수애당(水涯堂)31)이라고 하였다. 건축규모는 3棟의 건물로 29간으로 구성되어 있는데, 정침은 팔작지붕으로 정면 7간 측면 2간이고, 고방

〈그림 3-10〉 'ㅁ'자형의 안채

(庫房)채는 합각지붕으로 정면 10간의 ㄱ字形 平面을 취하고 있으며, 大門은 5간 규모의 솟을대문이다. 원래 안동군 임동면 수곡동 612번지에 있었으나, 임하댐 水沒로 1987년에 이곳으로 이건하였으며, 경사지에 위치한 건물을 평지에 이건함으로서 정침이 원래보다 약 2-3M 낮아졌다.

　수애당의 안채는 이 곳의 주인이 거처하는 곳이다. 본 연구에서는 숙박시설로 이용되는 건물에 대한 분석만 하고자 한다.
　외관은 지례예술촌과 마찬가지로 한옥을 그대로 보존하고 있는 곳이다. 그러나 내부에 있어서는 공간을 제대로 살려내고 있지도 못하다. 사진 5번에서 보면 황토마감의 벽과 반자를 한 천장마감지와의 마무리가 깔끔하지 못하고, 7번에서 보면 큰방을 두 개로 나누는 과정에서 기존에 있던 창을 반으로 나누어 벽을 설치하고 있다. 따라서 기둥이 방의 모서리에 있지 못하고 중앙에서 시선을 잡아끌지만 전통적인 공간에서는 볼 수 없는 모습이다. 각 방마다 이불과 베개가 노출되어 있어 정돈되지 못한 모습을 보인다.
　대청에는 커다란 조명을 달고 4층탁자장 앞에 여러 개의 방석이 나와

---

31) 경상북도 문화재자료 제 56호(1985, 8, 5)

있어 산만한 분위기이며, 주방은 그 가구가 한옥의 실내공간과는 어울리
지 않는 모습이다.

1. 수애당 외관   2. 외부 세면장   3. 공용부엌   4. 화장실 & 세면장   5. 황토방
6. 장작 때는 방   7. 보일러 난방 방   8. 대청

〈그림 3-11〉 숙박시설로 이용되는 수애당의 외관과 내부

그러나 내부에 마련된 화장실은 지례예술촌에서 보였던 것보다는 신경을
쓴 부분이 보인다. 마감재는 타일이고 세면대도 시중의 것 그대로이지만 문
을 기존의 분위기와 맞추기 위해 계획한 것이 효과적이었던 것으로 보인다.
여러 개의 방이 있고 이에 따라 여러 단체의 숙박이 있을 경우에는 세면장
이 부족해서 외부에도 세면대를 준비해 놓았다. 그런데 이 세면대는 한옥의
외부에 전혀 어울리지 않는다. 세면대를 둘러싸고 있는 전통의 담과 담 너
머로 보이는 전경이 아주 좋음에도 불구하고 이것을 배려하여 계획되지 못
하고 필요에 의해 그냥 배치되었다. 숙박시설을 계획하면서 숙박가능 인원
수에 대한 참고와 그 해결 방법에 대한 연구가 있어야 할 것이다.

③ 삼청각

* 위   치: 서울시 성북구 성북2동 330-115번지
* 주변볼거리: 경복궁, 국립민속박물관, 북촌 한옥마을, 인사동 등

지난 72년에 준공된 삼청각은 7·4 남북공동성명 대표단의 만찬장으로 사용하기 위해 세워진 이후 국빈의 접대와 정치적 회담을 위한 고급요정으로 사용됐다. 따라서 일반인에게는 배타적이고 부정적인 이미지로 남아 있었던 장소다. 그러나 서울시에서 삼청각을 인수해 세종문화회관에서 운영을 담당하면서 일반인이 방문할 수 있는 전통문화 공간으로의 변신을 모색하게 됐다.

이 공사는 대지 5883평 연면적 1370평 규모로 기존의 고풍스런 외관은 그대로 둔 채 내부 인테리어를 현대적인 분위기로 탈바꿈시키는 과정이었다. 기존 '삼청각'의 고정관념을 깨고 시민들에게 전통문화를 즐기고 배울 수 있는 공간으로, 외국인에게는 한국의 문화를 체험할 수 있는 대표적인 문화명소로 바꾼다는 취지에 맞게 설계(창조건축사사무소), 시공(LG 건설)됐다.

〈그림 3-12〉 아사달 내부

자료: www.samcheonggak.or.kr

일화당은 삼청각의 중심건물로서 지상 2층, 지하 2층, 총 1045평이며, 1972년 7·4 남북공동성명 직후에 남북적십자대표단의 만찬을 베풀었던 장소이다. 다양한 문화 공연과 국제 세미나, 행사 등을 위한 200석 규모의 공연장과 한식당, 전통찻집 등 부대시설이 갖추어진 아름다운 전통한옥양식의 건물이다. 일화당 앞의 정원과 전통놀이마당에서는 야외에서 벌어질 수 있는 전통놀이나 사물놀이 등의 공연이 있기도 하다.

청천당(聽泉堂)과 천추당(千秋堂)은 전통문화를 배우는 동시에 체험할

수 있는 곳으로 다례, 규방공예, 도자기공예 등 다양한 전통문화교실이 열리며, 전통다도와 같은 전통문화를 체험할 수 있는 프로그램이 준비된다. 청천당은 총 52평, 천추당은 총 63평의 건물이다.

취한당과 동백헌은 안방, 사랑방, 마루 등이 갖춰진 온전한 한옥 한 채를 전통객관으로 개조하여 숙박을 받고 있다.

1. 동백헌 외관   2. 동백헌 침대방   3. 동백헌 온돌방   4. 동백헌 침대방   5. 동백헌 침대방
6. 취한당 침대방 7. 취한당 거실   8. 취한당 거실과 온돌방 9. 취한당 거실 가구

〈그림 3-13〉 동백헌과 취한당 내부

자료: http://www.samcheonggak.or.kr   http://www.bukchon.net
http://www.betterhome.co.kr

삼청각은 2001년에 Renovation한 건물이다. 이중에 취한당과 동백헌은 최근에 숙박시설로의 활용을 위해 개조된 한옥이다. 그런데 그 내부를 보면 전통적인 방식을 도입하기는 하였지만 한옥의 분위기를 살리지는 못하고 있다.

우선 2와 4에서 보듯이 가구의 배치는 전통의 방식을 따르지 못하고 있다. 4분합문 앞에 문갑과 3층탁자를 배치하고 경대를 놓았다. 이렇게 가구를 배치하기 위해서는 문을 설치하지 말고 벽으로 처리했어야 한다. 문을 열어 자연을 내부로 끌어들이기 위해서라면 머름대를 설치한 후 문갑만을 설치해야 한다. 또한 전통의 방식이 아니더라도 창을 바라보고 사람이 앉아서 경대를 사용하는 것은 매우 불편하다. 눈이 부셔 제대로 사용할 수 없다.

7에서는 거실에 보료를 배치하여 그 용도가 애매하고 보료 옆에 놓여 있는 가구는 너무 높아서 이상하다.

3과 8, 9에서 보이는 벽면 처리 또한 이상하다. 5에서 보이는 침대 머리쪽의 벽년도 한옥의 느낌이 아니라 일반 호텔을 보는 듯하다.

결국 전체적으로 창호에서 보이는 살대의 문양과 전통가구를 제외하면 한옥 실내라는 느낌을 주고 있지 못하고 가구의 배치도 어딘지 어색하며 내부와 어울리지 못하고 있다.

2) 일본의 전통건축 활용사례

(1) Minshuku Sosuke[32]

* 위   치: 기후현(岐阜縣) 타카야마시(高山市) 오카혼마치
            (岡本町)1－64
* 주변 볼거리: 陣屋, 赤い中橋, 朝市, 高山美術館 등

'Takayama'역으로부터 8분 거리에 있는 'Sosuke'민숙은 170년 된 건물을 개조하여 사용하고 있다. 13개의 방을 구비하고 있고, 거실에는 'irori'라 부르는 일본 전통의 화로가 있다. 아침과 저녁에는 식사를 할 수도 있다.

---

32) http://www.irori－sosuke.com/

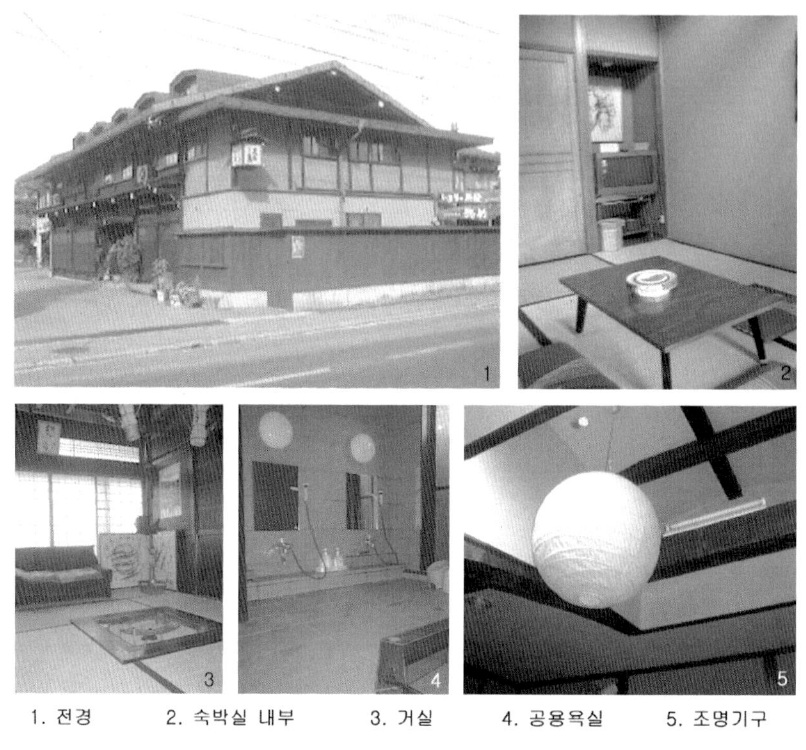

1. 전경   2. 숙박실 내부   3. 거실   4. 공용욕실   5. 조명기구

〈그림 3-14〉 일본 민숙 ‘Sosuke’

자료: http://www.irori-sosuke.com/

(2) 御所坊(Goshobo)

* 위치: 효고현 고베시 키타쿠 아리마 온천(有馬溫泉) 858番地

“아리마 온천”은 ‘고베 시’의 북부, ‘우라롯코’라고 불리는 지역에 있으며, 8
세기에 스님에 의해 세워진 휴양시설인데 주로 천황 등 지위가 높은 사람들이
이용했던 일본에서 가장 오래된 온천중 하나이다. 해수의 2배나되는 염분을
포함한 염전과 사이다의 원료로 쓰이는 탄산수 외에 라듐샘 등의 풍부한 원천
이 있으며 ‘교토’, ‘오사카’, ‘고베’의 휴양지로서 인기가 있는 온천이다.[33]

〈그림 3-15〉 고쇼보 여관의 Facade

자료: MBC Production

이 지역에 위치한 '고쇼보 여관'은 800년 이상 된 뒤쪽의 건물을 그대로 두고 앞쪽으로는 현대식 건물을 새로 지어 연결한 형태이며, 뒤쪽의 정원도 옛날 방식 그대로 꾸며놓고 있다. 여관 내부에 이 지역에서 나오는 온천을 이용할 수 있는 시설을 갖추어 놓고 있으며, 식사만 할 수도 있다.

오래된 건물을 그대로 사용하기 때문에 엘리베이터가 없고, 옆방의 소음이 들리기도 한다. 또한 일본 전통의 분위기를 내기 위하여 조명시설을 최소로 하여 어두운 듯 하다. 앞쪽의 건물 1층은 Bar, Salon, Restaurant가 있고, 2층은 야외온천과 6개의 객실이 있다. 3층은 5개의 객실과 회식장, 안뜰이 연결되어 있고, 뒤편의 전통건물 1층(현관에서부터는 3층임)에는 3개의 객실이, 2층에는 6개의 객실이 있다.

---

33) http://www.jnto.go.jp

1,2. 고쇼보 여관 뒷마당   3. 아리마 온천수의 노천온천   4. 객실 내부   5. 객실의 벽면 이미지
6. 객실의 조명기구   7. 1층에서 2층으로 가는 계단참   8. 객실 내부

〈그림 3-16〉 고쇼보 여관 내부와 뒤뜰

자료: MBC Prduction

3) 유럽의 전통건축 활용사례

(1) 프랑스

18C 프랑스 귀족들 사이에서는 농촌생활을 즐기는 일이 유행하여 농촌에 건축물이 많이 남아있고, 현재는 휴가가 5주 이상이 되기 때문에 일반인이 휴가를 보내면서 저가의 숙박시설에 대한 수요가 높아졌다. 이와 동시에 농촌의 건축물이나 문화를 지키려는 운동을 추진하는 사람들의 제창과 당시 황폐한 농촌의 재건을 원하는 농촌지역의 주민들의 요구가 부합되어 농촌민박이 활성화되어 있다. 프랑스 민박은 농촌의 낡은 민가를 보

존하는 수단으로서 시작되었기 때문에 옛날 석조주택을 그대로 사용하는 경우가 많다.34)

또한 고성호텔이라 하여 프랑스 전역에 퍼져있는 12C부터 19C에 이르는 다양한 시대와 형태의 성(Chateau)들을 호텔로 개조하여 사용하고 있어 당시의 궁정과 귀족들의 문화를 간접적으로 접하는 문화체험을 할 수 있다. 각기 성들은 중세 영주나 근대 귀족들 주거문화 작품 중 하나로 꼽힐 정도로 다양한 양식의 건축물과 정원에 따라 다른 특징이 나타나며 기사의 갑옷과 투구, 전리품, 예술작품 등이 전시된 일종의 시대 박물관으로서 일반 관광지들과 그다지 멀지 않은 곳이 위치한다.35)

① 샤토 데 브리오티에르(Chateau des Briottieres)36)

  * 위치: 49330 Champigne, France

파리로부터 2시간 30분 정도 떨어진 Anjou에 위치한 샤토 데 브리오티에르(Chateau des Briottieres)는 50ha에 이르는 대지에 위치한다.

건물 내부의 1층에는 동향하는 10개의 객실이 있으며, 응접실과 커피를 마실 수 있는 Salon이 있으며, 갤러리, 당구대가 갖추어져 있는 방이 있다. 또한 수영장이 있고 탁구, 양궁, 골프 등을 즐길 수 있는 시설이 마련되어 있다.

---

34) 오충섭, 앞의 책, pp.41 −42
35) http://www.franceguide.or.kr
36) http://www.briottieres.com

1. 전경
2. Chambre de L'Etang
3. Chambre Charles X
4. 와인을 마실 수 있는 Salon Vert
5. 오렌지 농장에 위치한 별동의 거실
6. Chambre de L'Etang 에 딸린 욕실
7. Reception Room
8. 당구대가 있는 방

〈그림 3-17〉 샤토 데 브리오티에르(Chateau des Briottieres)

자료: http://www.briottieres.com

② Villa Terracotta (Farmhouse)[37]

* 위치: Mareuil-sur-Belle, Perigord Blanc, Dordogne, Aquitaine, France

---

37) http://www.holiday-rentals.co.uk

'Mareuil−sur−Belle'의 중심가로부터 6㎞ 떨어져 있으며, 비어있던 200
년 된 건물을 개조하여 사용하는 곳이다. 외부는 테라코타 타일로 되어
있으며, 4개의 방과 1개의 욕실, 1개의 샤워실이 있다.

1. 외관　　　　2. 식당　　　　3. 침실

〈그림 3−18〉 Villa Terracotta (Farmhouse)

자료: http://www.holiday−rentals.co.uk

(2) 네덜란드의 Kasteel Wittem[38]

　* 위치: Wittemer Allee, 3NL−6286 AA Wittem Netherlands

---

38) http://www.relaischateaux.com

네덜란드의 살아있는 역사로 꼽히는 이 곳은 장대한 중세의 성을 개조해서 만든 호텔이다. 특히 성(호텔)을 둘러싸고 있는 주위의 그림 같은 공원 풍경이 아름다움을 더해준다. 그림 같은 전원 풍경 속의 정원에서 테라스에 펼쳐지는 이 지방 전통적인 점심과 저녁이면 촛불아래서 즐기는 우아한 저녁식사가 그만이다. 호텔 방에는 고전적인 18세기 가구들로 꾸며져 있으며 캐노피 침대(덮개가 있는 침대)로 영화 속의 여왕 침실 같은 분위기이다.

이 호텔은 RITZEN 가문 소유이며, 객실 12개, 산책로, 승마, 넓은 테라스, 주차장, 컨벤션실, 골프코스가 있다.

〈그림 3-19〉 Kasteel Wittem

자료: http://www.relaischateaux.com

제 4 장 실내계획안

1. 계획의 대상 선정 및 현황 분석

1) 계획의 배경

앞에서 살펴본 바와 같이 한옥은 지속가능한 건축물로서 자연을 훼손하지 않고 자연과 어울려 지낼 수 있도록 해 주는 건축물이다. 그러나 현재 우리 주변에는 불편하다는 생각에 한옥이 자꾸 사라지는 상황이다. 또한 한옥을 체험해 보지 못한 우리 세대들은 한옥에 대한 부정적 관념이 굳어져 점차 더 한옥을 멀리하게 되고 있다.

현대는 운송수단의 발달로 세계가 가까워지고 많은 여행객이 늘어나면서 세계가 동일 문화를 쌓아가고 있기는 하지만 그에 따라 각 나라의 독특한 문화 체험에 대한 욕구도 점점 높아가고 있다. 그러나 우리나라의 경우 우리의 문화를 보여 주고 체험해 볼 수 있는 관광자원이 많이 부족하다.

이런 시점에서 사라져 가는 한옥을 체험해보고 느껴볼 수 있는 방안을 마련하고 우리나라의 문화자원으로 사용할 수 있도록 한옥을 숙박시설로 활용하는 방안을 제시하고자 한다.

2) 계획 대상의 선정

(1) 대지분석

* 대상건물 및 위치: 아산향교 (충청남도 아산시 영인면 아산리 643)
    아산현감관사 (충청남도 아산시 영인면 아산리 642)
* 대지면적: 대지면적: 3,058㎡ – 아산향교: 2,033㎡
    아산현감관사＋가족 숙박시설: 1,025㎡
* 건물면적: 497.10㎡ (150.64 PY)
    아산향교–외삼문 및 수직사: 82.96㎡ (25.09 PY)
    명륜당: 35.00㎡ (10.61 PY)
    동　재: 27.89㎡ (8.45 PY)
    내삼문: 8.50㎡ (2.78 PY)
    대성전: 62.26㎡ (18.87 PY)
    아산현감관사: 60.72㎡ (18.40 PY)
    사랑채: 117.85㎡ (35.71 PY)
    안　채: 101.92㎡ (30.88 PY)
* 건물개요: **아산향교**–충청남도 기념물 제114호 (1997.12.23 지정)
    이 향교는 아산리 동쪽 향교골에 있었던 것을 선조 8년(1575)
    토정 이지함이 아산현감으로 있으면서 이곳에 옮겼다고 한다.
    현재도 중국의 사성오현(四聖五賢)과 사철(四哲), 그리고 국
    내 18현(賢)의 위패를 모시고 춘추로 제향을 올리고 있다.
    향교의 건물 배치를 살펴보면 입구에 홍살문이 있고 내·외삼
    문이 있으며 명륜당, 대성전으로 구성되어 있는 전학후묘의
    형태다. 명륜당은 정면 3간, 측면 2간의 맞배지붕의 건물로 막
    돌흐트려 쌓기로 구축한 기단 위에 원형초석을 놓고 그 위에
    원주를 세웠다. 기단과 창방 사이에는 고맥이와 하방, 인방이

가설되어 있다. 처마는 홑처마이고 가구양식은 도리식이다. 대성전은 정면 3간, 측면 2간의 맞배지붕 건물이며 익공양식으로 가정하였다. 장대석을 이용하여 기단을 구축하고 그 위에 원형의 주초석을 놓았으며 원주를 세웠다. 문은 전면에만 시설하였는데 각각 2분합의 띠살문을 달았다. 처마는 겹처마이며 측면에는 벽을 보호하기 위한 방풍판을 설치하였다.

아산현감관사-이 건물은 당초 옛 아산현 관아 입구에 세워졌던 문루인 여민루 앞에 있었는데 1997년 현 위치로 원형대로 옮겨지었다.

여지도서(輿地圖書)에 의하면 조선시대 아산현 관아 건물로 아사(衙舍) 50칸, 객사(客思) 30칸, 무학당(武學堂) 5칸, 관호정(觀湖亭) 3칸 등의 기록이 있는데 이 건물도 당시 관아 건물로 사용되었던 것으로 추정되며 구정에 의하면 현감관사로 사용하였다고 하나 정확한 용도는 확인할 수 없다.

다만 상량문에 崇禎 紀元後 辛未 七月 初 九日로 표기되어 있어 조선 인조 9년(1631)에 건립되었음을 알 수 있다.

건물의 형태는 정면 5칸, 측면 2칸, 우측전면으로 2칸이 꺾어져 전체적으로 'ㄱ'자 형태를 이루고 있으며 장대석을 외벌대 기단으로 쌓은 후 덤벙 주초를 놓고 각주를 세운 납도리, 홑처마의 간결한 구조이며 지붕은 팔작으로 막새를 사용하지 않아 단조로운 민가와 같은 외형을 지니고 있다. 옛 아산현 관아건물의 유형을 살펴 볼 수 있는 매우 중요한 문화 유산이다.

〈그림 4-1〉 아산향교와 아산현감관사 전경

(2) 대지선정 이유

온양은 서울에서 고속버스로 1시간 30이 걸리는 가까운 곳으로 예로부터 온천이 유명하여 가족여행지로 인기 있었으며, 온천을 하기 위한 일본 관광객의 방문도 많은 지역이다. 또한 현충사, 외암리 민속마을, 온양민속박물관, 삽교호 및 아산만 방조제 등의 볼거리가 있어 가족단위의 여행하기에 좋은 곳이다.

온양 시내에서 20-30분이 걸리는 영인산 자연휴양림은 현재 '숲속의 집'이라고 하는 야영장을 만들어 놓고 가족단위의 숙박이 가능하도록 통나무집을 지어놓있다. 그러나 이 시설들은 모두 서양식이며 그 외관이나 내부가 전혀 휴양림과는 어울리지 않는다.

자연휴양림 입구 근처에 위치한 아산향교는 영인산 자락 끝에 있으며 휴양림과 마을을 이어주는 길가에 위치한다. 지역주민이 관리하는 밭과 사는 마을이 불과 5분 거리에 있어 주민들과의 대화나 교류를 통한 향토 문화체험이 가능할 것으로 보인다. 휴양림은 10분 거리에 있어 산책을 겸한

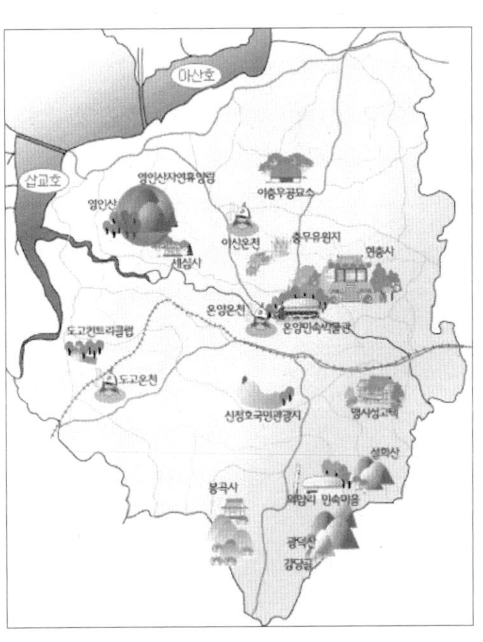

〈그림 4-2〉 대상지와 주변 볼거리

삼림욕을 하기에도 무리가 없는 위치이고 영인산 정상까지 등산을 즐길 수도 있다. 영인산 휴양림에서 아산온천은 3㎞, 온양온천은 12㎞, 현충사 15㎞, 외암리 민속마을 20㎞ 떨어져 있어 주변 관광지도 충분하다. 또한

아산향교에서는 아직도 봄·가을이면 사성오현과 사철, 국내 18현을 모시고 제향을 올리고 있으므로 이 행사 또한 볼거리로서 관광자원이 될 수 있을 것이다.

향교는 지방기념물임에도 찾아오는 사람이 없고 건물도 관리가 잘 안되고 있다. 향교의 길 맞은편에 위치한 아산현감관사는 이건을 하면서 바뀐 건지 그 후에 바뀐 건지는 모르겠으나 건물 외벽이 시멘트벽돌로 되어 있어 변형이 심하다.

본 논문의 주제가 주변 관광지와의 연계를 바탕으로 한옥을 보전시킴과 동시에 한옥 자체가 문화관광을 위한 목적이 될 수 있게 하는 것이므로 본 사이트와 건물이 적합하다고 생각된다.

2. 계획의 전개

1) 디자인 개념

　현재 한옥을 사용하고 있는 경우를 살펴보면 살림집이 가장 많을 것이다. 그러나 이 경우는 사적인 공간으로 일반인이 체험해 볼 수 있는 공간은 아니다. 일반인이 체험해 볼 수 있는 한옥 중에서 많은 경우가 음식점이나 찻집으로의 이용일 것이다. 갤러리나 사무실로 사용되는 경우도 있다. 이러한 경우에는 한옥이라는 공간의 특성보다 사용될 공간에서 요구되는 것들에 의해 좀 더 자유로운 디자인이 가능하다.

　한옥을 숙박시설로 이용하는 경우는 하회마을, 양동마을 등에 위치한 일반 살림집에서 집주인이 여행객을 받는 민박의 수준으로 이루어지는 것이 대부분이며, 따라서 여행객이 숙박시설로 이용하기에는 불편함이 많이 있다. 또한 집주인의 필요에 따라 개조와 가구의 사용 등이 이루어져 한옥의 공간적 특성을 무시하는 경우가 비일비재하며, 한옥의 공간과 이질적인 분위기를 만들어내기도 한다.

　한옥을 숙박시설로 활용함에 있어서 우선 고려해야 할 사항이 바로 주방과 욕실이다. 이 공간에 들어가게 될 시설들은 현대 서구건축물에 어울리는 외관과 기능을 가지고 있다. 이러한 시설을 한옥이라는 공간에 어울리도록 하는 것은 전통과 현대의 조화라는 개념으로 접근되어야하는 과제이다.

　향교를 개조함에 있어서는 동선이 조금 길어지고 사용이 조금 불편하더라도 전통적인 한옥 공간의 체험이라는 개념으로 접근을 하며, 가족여행객을 위한 사랑채와 안채, 그리고 관리인의 살림집으로 사용될 현감관사를 계획함에 있어서는 전통과 현대의 조화라는 개념으로 디자인한다. 사랑채와 안채는 숙박시설이기는 하지만 가족여행객이 자신의 별장처럼 사용하는 것을 개념으로 하기 때문에 일반 살림집과 비슷한 공간으로 구성되어야 한다.

〈표 4-1〉 디자인 개념도

	디자인 개념	적용방안
아산향교	- 전통 한옥 공간의 체험	- 화장실을 독립 건물로 함. (외부를 통해서만 사용이 가능) - 부엌과 방, 기단과 마당의 바닥 높이차를 그대로 살림 (외부 입면 변화 체험)
아산현 감관사	- 전통과 현대의 조화 - 생활의 편리함 도모 - 여행객들로부터의 프라이버시 확보	- 주방과 욕실을 실내공간에 마련 - 동선과 에너지 절약을 위해 툇마루에 문 설치 - 주출입구의 분리
사랑채·안채	- 전통과 현대의 조화 - 개인 별장과 같은 편안함과 독립성 확보	- 주방과 욕실을 실내공간에 마련 - 가구 디자인을 통한 조화를 이끌어냄

2) 계획의 범위

(1) 배치계획

① 현재 있는 향교를 보수하여 단체 또는 개별 여행자의 숙박이 가능
하도록 계획한다. 그러나 기존 향교의 기능은 그대로 유지할 수 있
도록 한다.
② 아산현감관사를 관리인 가족을 위한 살림집으로 계획한다.
③ 가족여행객을 위한 사랑채와 안채를 계획한다.

(2) 평면계획

모든 건물에 있어 평면계획을 한다.
향교의 건물에서 명륜당, 동재, 수직사와 아산현감관사는 Renovation이
며, 사랑채와 안채 그리고 공용 욕실은 신축하는 건물이다. 이 건물들에
있어 실내 공간의 배치 계획을 한다.
이 중에서 단체 또는 개별여행객을 위한 여러 개의 방과 그들이 식사를
할 수 있는 식당과 부엌이 있어야 하는 수직사는 개조의 개념으로 전통적
인 한옥의 공간을 체험할 수 있는 공간이므로 좀 더 자세히 계획을 한다.
전통과 현대의 조화를 보여 줄 수 있는 건물인 아산현감관사와 사랑채, 안채
중에서는 사랑채를 집중적으로 계획한다. 사랑채 공간은 일반 살림집과 같은
공간 배치를 가지며, 입식생활 공간으로 계획되므로 다른 건물보다 '전통과 현
대의 조화'라는 개념을 더 확실히 보여줄 수 있다고 생각되어 선택하였다.

(3) 기타 계획

사랑채와 수직사를 중심으로 천장, 입면 계획을 하며, 이들 공간에 들

어갈 가구와 주방 가구, 욕실용품, 조명기구 등을 디자인한다. 또한 입면과 가구 등의 계획 시 색채 계획도 함께 한다.

3) 배치계획

우리나라는 건물을 배치할 때 남향으로 하는 것이 일반적이다. 그러나 산을 등지고 건물이 들어서는 '배산임수'에 따라 건물이 북을 바라보고 들어서는 경우도 있다. 아산향교도 바로 그러한 사례로 거의 정북에 가까운 방위를 가지고 있다. 마을과 연결되는 주 진입로도 북쪽으로

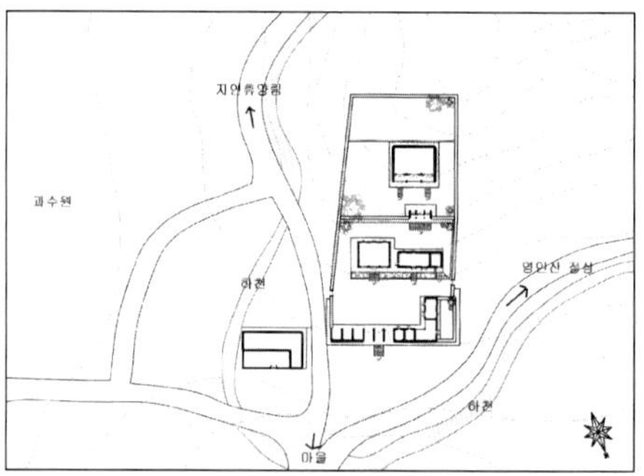

〈그림 4-5〉 대상지 실측도

위치하며, 남쪽으로 이어진 길은 영인산 자연휴양림으로 가는 길이며, 서쪽으로 영인산 정상이 있고, 동쪽으로는 과수원이 있다.

향교는 유생들이 공부를 하던 곳이다. 따라서 성현에 대한 경건한 마음을 지니게 하고 제향을 지내는 건물(대성전), 유생들이 공부를 하고 스승으로부터 가르침을 받는 건물(명륜당)과 숙소(동재), 그리고 관리인의 처소(수직사)가 있다. 일반 한옥이 아닌 향교라는 특별한 기능이 있는 건물을 대상으로 하는 계획이므로, 기존에 각 건물이 가지고 있는 기능은 살리도록 계획하였다.

10-25인의 단체 숙박이나 2-3인의 개별 여행자를 위한 숙박시설로 활용을 한다.

길 건너에 있는 아산현감관사는 현재 수직사를 이용하고 있는 관리인 가족을 위한 살림집으로 계획을 한다. 새로 계획되는 건물인 사랑채와 안채는 현감관사와 하천을 사이에 두고 배치하고, 출입문을 따로 마련한다.

　　이렇게 함으로써 소음이 많이 발생하는 단체 여행객과 자신의 별장처럼 이용하고자 하는 가족여행객이 분리가 되도록 하였다. 또한 여행객들과 관리인 가족도 어느 정도의 거리를 두고 위치하게 되어 프라이버시를 지킬 수 있으며, 현감관사가 사랑채·안채와 향교 사이에 위치하게 되므로 관리에도 유리할 수 있도록 하였다.

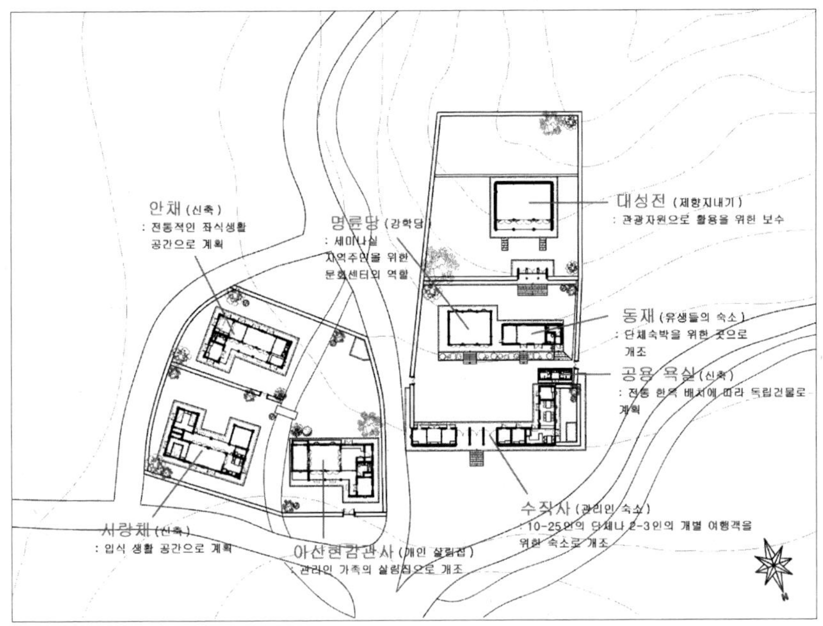

〈그림 4-6〉 건물 이용 계획

〈그림 4-7〉 아산향교 SITE SECTION

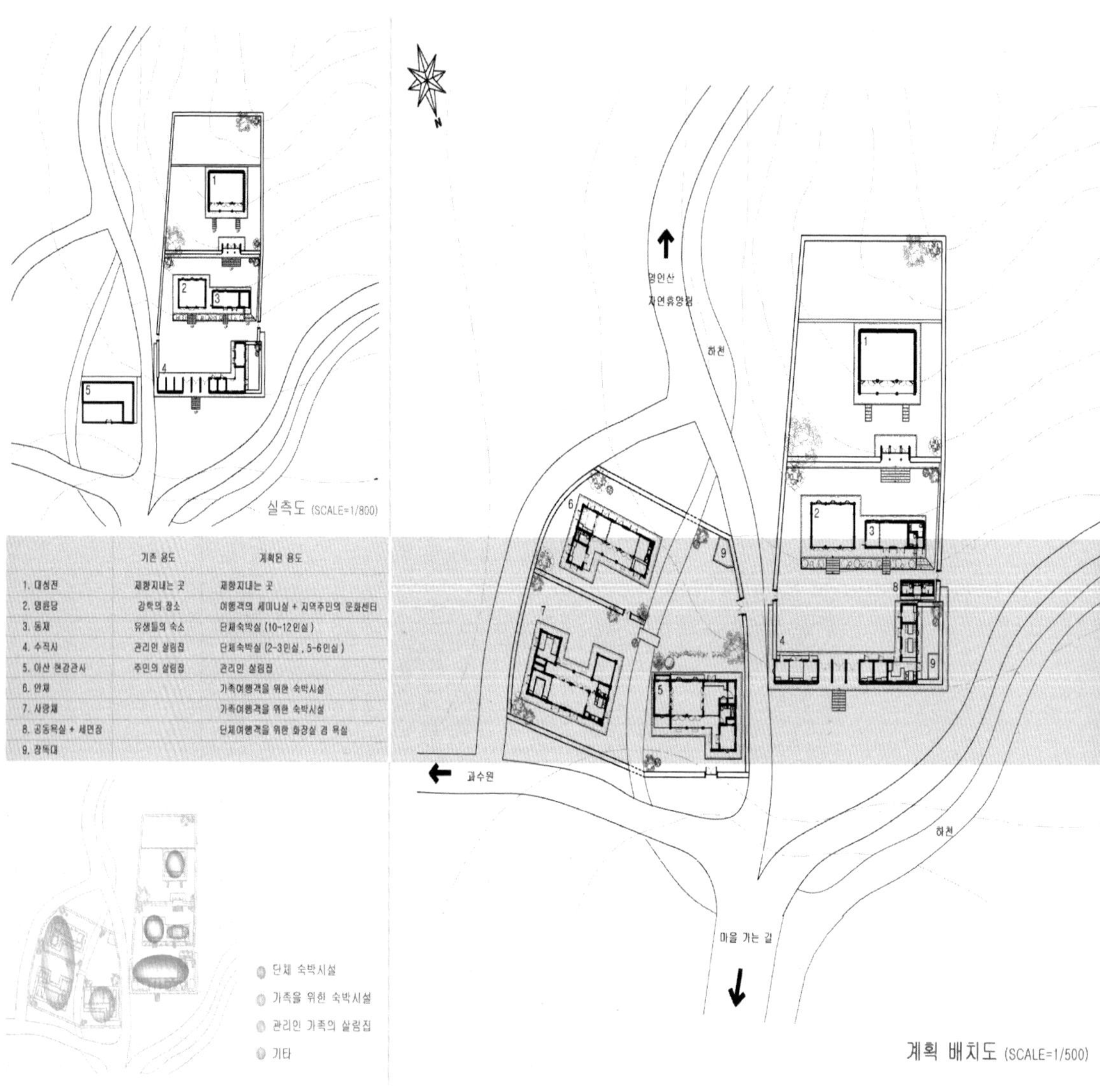

	기존 용도	계획된 용도
1. 대성전	제향지내는 곳	제향지내는 곳
2. 명륜당	강학의 장소	여행객의 세미나실 + 지역주민의 문화센터
3. 동재	유생들의 숙소	단체숙박실 (10-12인실)
4. 수직사	관리인 살림집	단체숙박실 (2-3인실, 5-6인실)
5. 아산 현감관사	주민의 살림집	관리인 살림집
6. 안채		가족여행객을 위한 숙박시설
7. 사랑채		가족여행객을 위한 숙박시설
8. 공동욕실 + 세면장		단체여행객을 위한 화장실 겸 욕실
9. 장독대		

- 단체 숙박시설
- 가족을 위한 숙박시설
- 관리인 가족의 살림집
- 기타

4) 각 건물의 실내공간 계획안

〈표 4-2〉 실내 마감표

구 분	각 실		바 닥	벽	천 장
아산현감관사	방		●황갈색의 장판지에 콩댐	●한지마감	●반자천장
	대청		●우물마루	●앞마당쪽: 들어열개문 ●방쪽: 6분합문(불발기) ●뒤쪽: 골판문	●연등천장
	주방		●우물마루	●황토마감 ●치장벽돌마감	●반자천장
	욕실 + 다용도실		●전돌마감 (패턴넣기)	●JOLYPATE 마감 (황토느낌) ●욕실: 타일마감+거울	●반자천장
아산향교	명륜당		●우물마루	●한지마감 ●앞: 들어열개문	●우물반자
	동재	방	●황갈색의 장판지에 콩댐	●한지마감	●반자천장
		욕실	●전돌마감 (패턴넣기)	●JOLYPATE 마감 (황토느낌) ●거울	●연등천장
	수직사	방	●황갈색의 장판지에 콩댐	●한지마감	●반자천장
		대청	●우물마루	●앞마당쪽: 들어열개창 ●방쪽: 4분합문(불발기) ●뒤쪽: 띠살창	●연등천장
		식당	●황갈색의 장판지에 콩댐	●한지마감 ●앞마당쪽: 띠살문 ●뒷마당쪽: 띠살창	●연등천장
		부엌	●전돌마감 (패턴넣기)	●황토마감 ●살창+들어열개창 ●앞·뒷마당쪽: 판장문	●연등천장
	공용욕실		●전돌마감 (패턴넣기)	●JOLYPATE 마감 ●거울 ●마구리 기와	●연등천장

구 분	각 실	바 닥	벽	천 장
안채	방	• 황갈색의 장판지에 콩댐	• 한지마감	• 반자천장
	대 청	• 우물마루	• 앞마당쪽: 들어열개문 • 뒷마당쪽: 골판문 • 방과의 사이: 6분합문 • 주방 사이: 미닫이문	• 연등천장
	주 방	• 우물마루	• 황토마감 • 치장벽돌	• 반자천장
	욕실 + 다용도실	• 전돌마감 (패턴넣기)	• JOLYPATE 마감 (황토느낌) • 욕실: 타일마감＋거울	• 반자천장
사랑방	방	• 황갈색의 장판지에 콩댐	• Fabric Panel • 조명설치	• 반자천장
	대 청	• 우물마루	• 앞마당쪽: 들어열개문 • 뒷마당쪽: 골판문 • 방 사이: 6분합문 (불발기)	• 연등천장
	주 방	• 우물마루	• 황토벽 마감 • 치장벽돌 • 뒷마당쪽: 판장문	• 반자천장
	누마루	• 우물마루	• 들어열개문	• 선자서까래
	욕 실	• 전돌마감 (패턴넣기)	• 타일마감 • 거 울	• 반자천장

– 숙박시설로의 활용을 위한 실내공간 계획안 –

아산 현감관사 (관리인 가족의 살림집)

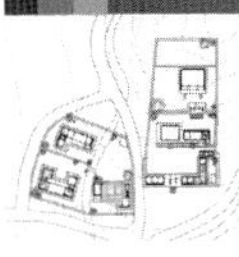

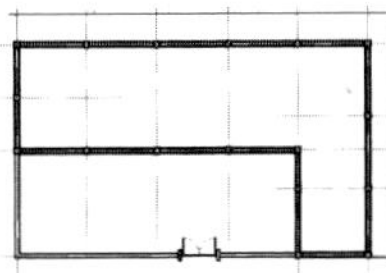

실측도 (SCALE = 1/200)

이 건물은 당초 옛 아산현 관아 입구에 세워졌던 문루인 여민루 앞에 있었는데 1997년 현 위치로 원형대로 옮겨지었다.

여지도서에 의하여 조선시대 아산현 관아건물로 아사 50칸, 객사 30칸, 무학당 5칸, 관효청 3칸 등의 기록이 있는데 이 건물도 당시 관아 건물로 사용되었던 것으로 추정되며 구전에 의하면 현감관사로 사용하였다고 하나 정확한 용도는 알 수 없다.

현재의 모습은 사진에서와 같이 많이 훼손되어 있다.

이 건물을 보수하여 관리인의 살림집으로 사용하도록 계획하여 외기를 막을 수 있도록 툇마루 바깥 쪽으로도 미닫이 문을 설치하였다. 또한 주방 및 식당의 면적을 넓게 하였으며, 창고와 다용도실을 두는 등 수납공간을 마련하여서, 정북에 가까운 향으로 인하여 주방이 서쪽에 면하게 되므로 서쪽의 햇빛을 차단하기 위해 다용도실을 배치하였다.

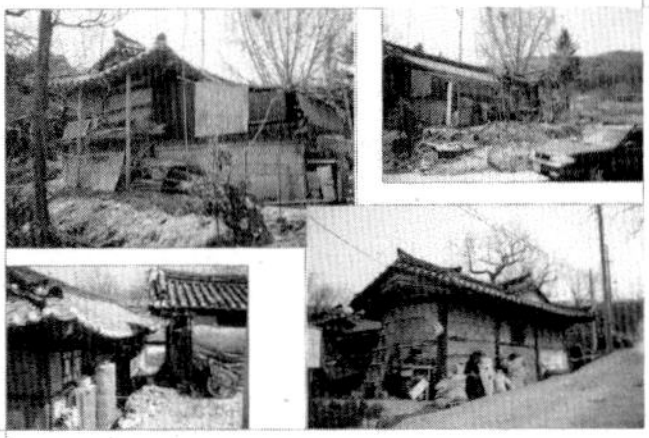

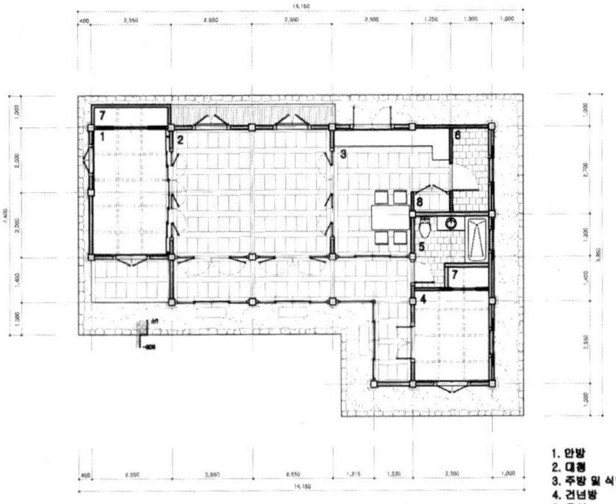

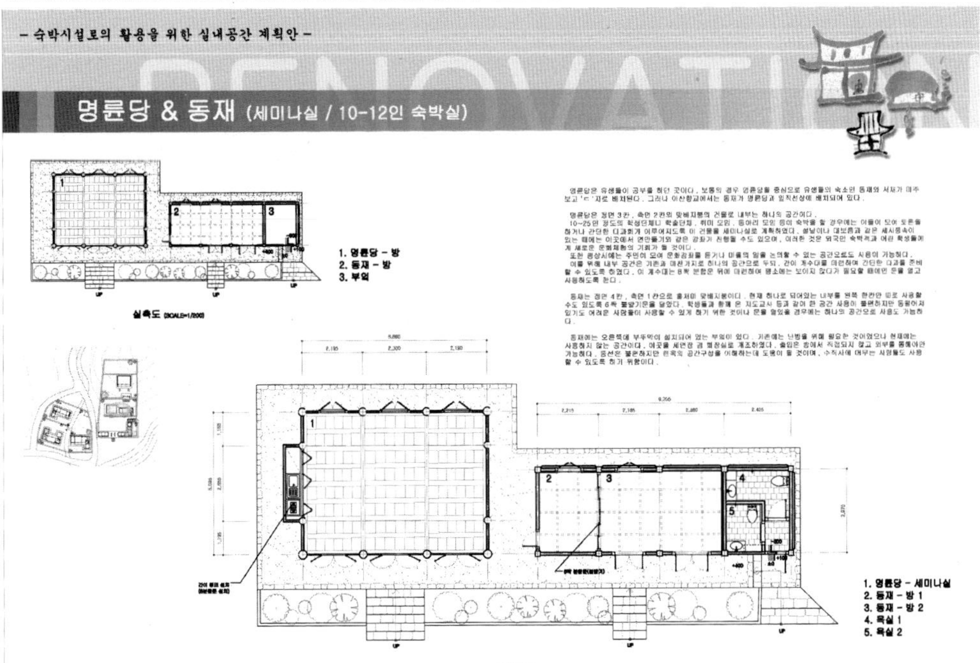

평면도 (SCALE = 1/100)

1. 안방
2. 대청
3. 주방 및 식당
4. 건넌방
5. 욕실
6. 다용도실
7. 벽장
8. 창고

– 숙박시설로의 활용을 위한 실내공간 계획안 –

명륜당 & 동재 (세미나실 / 10-12인 숙박실)

1. 명륜당 – 방
2. 동재 – 방
3. 부엌

실측도 (SCALE=1/200)

명륜당은 유생들이 공부를 하던 곳이다. 보통의 경우 명륜당을 중심으로 유생들의 숙소인 동재와 서재가 마주보고 'ㄷ'자로 배치된다. 그러나 아산향교에서는 동재가 명륜당과 일직선상에 배치되어 있다.

명륜당은 정면 3칸, 측면 2칸의 맞배지붕의 건물로 내부는 하나의 공간이다.
10~25인 정도의 학생단체나 학술단체, 취미 모임, 동아리 모임 등이 숙박을 할 경우에는 이들이 모여 토론을 하거나 간단한 다과회가 이루어지도록 이 건물을 세미나실로 계획하였다. 설날이나 대보름과 같은 세시풍속이 있는 때에는 이곳에서 연만들기와 같은 강좌가 진행될 수도 있으며, 이러한 것은 외국인 숙박객과 어린 학생들에게 새로운 문화체험의 기회가 될 것이다.
또한 평상시에는 주민이 모여 문화강좌를 듣거나 마을의 일을 논의할 수 있는 공간으로도 사용이 가능하다.
이를 위해 내부 공간은 기존과 마찬가지로 하나의 공간으로 두되, 간이 개수대를 마련하여 간단한 다과를 준비할 수 있도록 하였다. 이 개수대는 8폭 분합문 뒤에 마련하여 평소에는 보이지 않다가 필요할 때에만 문을 열고 사용하도록 한다.

동재는 정면 4칸, 측면 1칸으로 홑처마 맞배지붕이다. 현재 하나로 되어있는 내부를 왼쪽 한칸만 따로 사용할 수도 있도록 6폭 불발기문을 달았다. 학생들과 함께 온 지도교사 등과 같이 한 공간 사용이 불편하지만 동떨어져 있기도 어려운 사람들이 사용할 수 있게 하기 위한 것이나 문을 열었을 경우에는 하나의 공간으로 사용도 가능하다.

동재에는 오른쪽에 부뚜막이 설치되어 있는 부엌이 있다. 기존에는 난방을 위해 필요한 것이었으나 현재에는 사용하지 않는 공간이다. 이곳을 세면장 겸 화장실로 개조하였다. 출입은 방에서 직접되지 않고 외부를 통해야만 가능하다. 동선은 불편하지만 한옥의 공간구성을 이해하는데 도움이 될 것이며, 수직사에 머무는 사람들도 사용할 수 있도록 하기 위함이다.

평면도 (SCALE=1/100)

1. 명륜당 – 세미나실
2. 동재 – 방 1
3. 동재 – 방 2
4. 욕실 1
5. 욕실 2

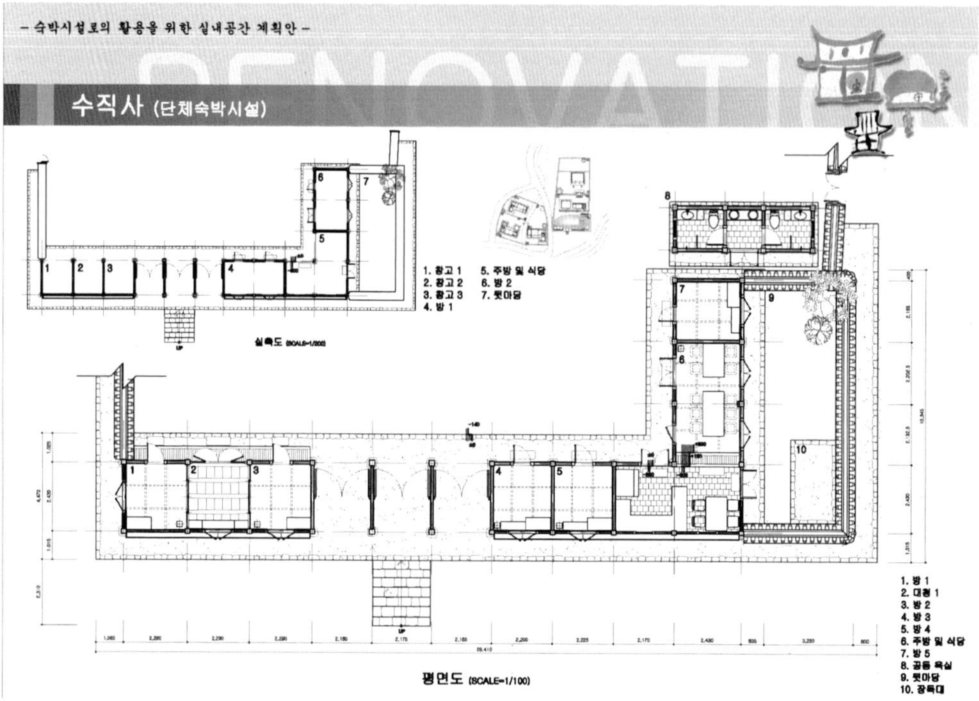

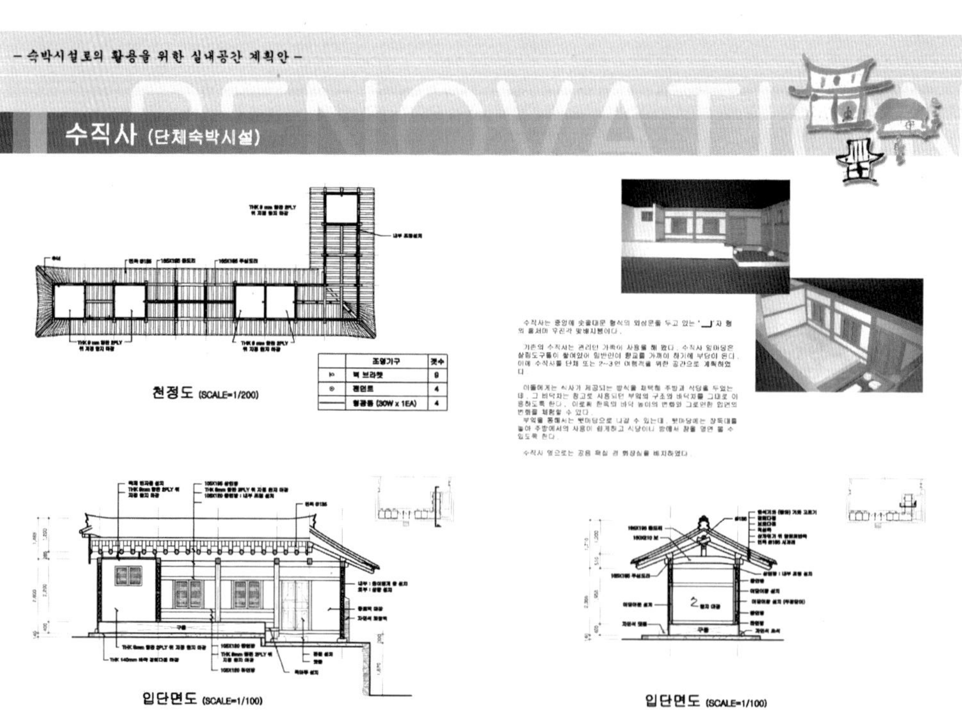

- 숙박시설로의 활용을 위한 실내공간 계획안 -
수직사 (단체숙박시설)
RENOVATION

실측도 (SCALE=1/200)
UP

1. 창고 1   5. 주방 및 식당
2. 창고 2   6. 방 2
3. 창고 3   7. 뒷마당
4. 방 1

평면도 (SCALE=1/100)

1. 방 1
2. 대청 1
3. 방 2
4. 방 3
5. 방 4
6. 주방 및 식당
7. 방 5
8. 공동 욕실
9. 뒷마당
10. 장독대

- 숙박시설로의 활용을 위한 실내공간 계획안 -
수직사 (단체숙박시설)

천정도 (SCALE=1/200)

조명기구   갯수
벽 브라켓   8
펜던트   4
형광등 (30W x 1EA)   4

수직사는 중앙에 솟을대문 형식의 외성문을 두고 있는 'ㄴ'자 형의 돌쳐마 후진각 맞배지붕이다.

기존의 수직사는 관리인 가족이 사용을 해 왔다. 수직사 앞마당은 살림도구들이 쌓여있어 일반인이 향교를 가까이 하기에 부담이 된다. 이에 수직사를 단체 또는 2~3인 여행객을 위한 공간으로 계획하였다.

이들에게는 식사가 제공되는 방식을 채택해 주방과 식당을 두었는데, 그 바닥처는 창고로 사용되던 부엌의 구조와 바닥치를 그대로 이용하도록 한다. 이로써 한옥의 바닥 높이의 변화와 그로인한 입면의 변화를 체험할 수 있다.
부엌을 통해서는 뒷마당으로 나갈 수 있는데, 뒷마당에는 장독대를 놓아 주방에서의 사용이 편리하고 식당이나 방에서 창을 열면 볼 수 있도록 한다.

수직사 옆으로는 공용 욕실 및 화장실을 배치하였다.

입단면도 (SCALE=1/100)

입단면도 (SCALE=1/100)

- 숙박시설로의 활용을 위한 실내공간 계획안 -

공용 욕실 & 화장실

평면도 (SCALE=1/50)

입단면도 (SCALE=1/50)

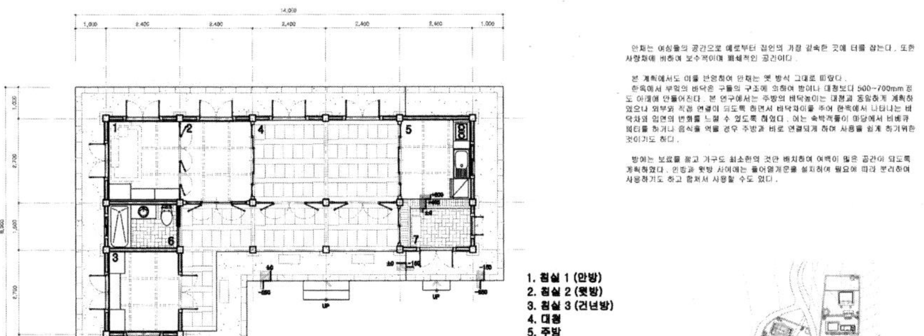

한옥에 있어서 화장실은 별동으로 되어 마당의 한쪽 구석에 배치된다. 조선시대 숙박시설의 하나인 '원'의 배치도에서도 일반 숙박이 가능한 건물과는 멀리 떨어져서 마굿간이나 대장간 옆에 위치하고 있음을 알 수 있다.

물론 지금은 수세식으로 처리되어 화장실이 건물안으로 들어와도 된다. 하지만 단체숙박시설인 만큼 약간은 불편하더라도 기존 한옥의 배치를 경험해 볼 수 있도록 따로 건물을 마련하였다.

또한 많은 인원이 사용을 하여 하므로 중앙에는 세면대만 배치하여 간단히 손을 씻거나 할례를 할 수 있도록 하여 동시에 보다 많은 인원이 사용할 수 있도록 하였다. 세면대는 전통 가구를 응용하여 디자인하였다.

- 숙박시설로의 활용을 위한 실내공간 계획안 -

안채 (가족단위 숙박시설)

안채는 여성들의 공간으로 예로부터 집안의 가장 깊숙한 곳에 터를 잡는다. 또한 사랑채에 비하여 보수적이며 폐쇄적인 공간이다.

본 계획에서도 이를 반영하여 안채는 옛 방식 그대로 따랐다.

한옥에서 부엌의 바닥은 구들의 구조에 의하여 방이나 대청보다 500~700mm 정도 아래에 만들어진다. 본 연구에서는 주방의 바닥높이는 대청과 동일하게 계획하였으나 외부와 직접 연결이 되도록 하면서 바닥차이를 주어 한옥에서 나타나는 바닥차의 입면의 변화를 느낄 수 있도록 하였다. 이는 숙박객들이 마당에서 바베큐 파티를 하거나 음식을 먹을 경우 주방과 바로 연결되게 하여 사용을 쉽게 하기위한 것이기도 하다.

방에는 보료를 깔고 가구도 최소한의 것만 배치하여 여백이 많은 공간이 되도록 계획하였다. 안방과 웃방 사이에는 들어열개문을 설치하여 필요에 따라 분리하여 사용하기도 하고 합쳐서 사용할 수도 있다.

1. 침실 1 (안방)
2. 침실 2 (웃방)
3. 침실 3 (건넌방)
4. 대청
5. 주방
6. 욕실
7. 다용도실

평면도 (SCALE = 1/100)

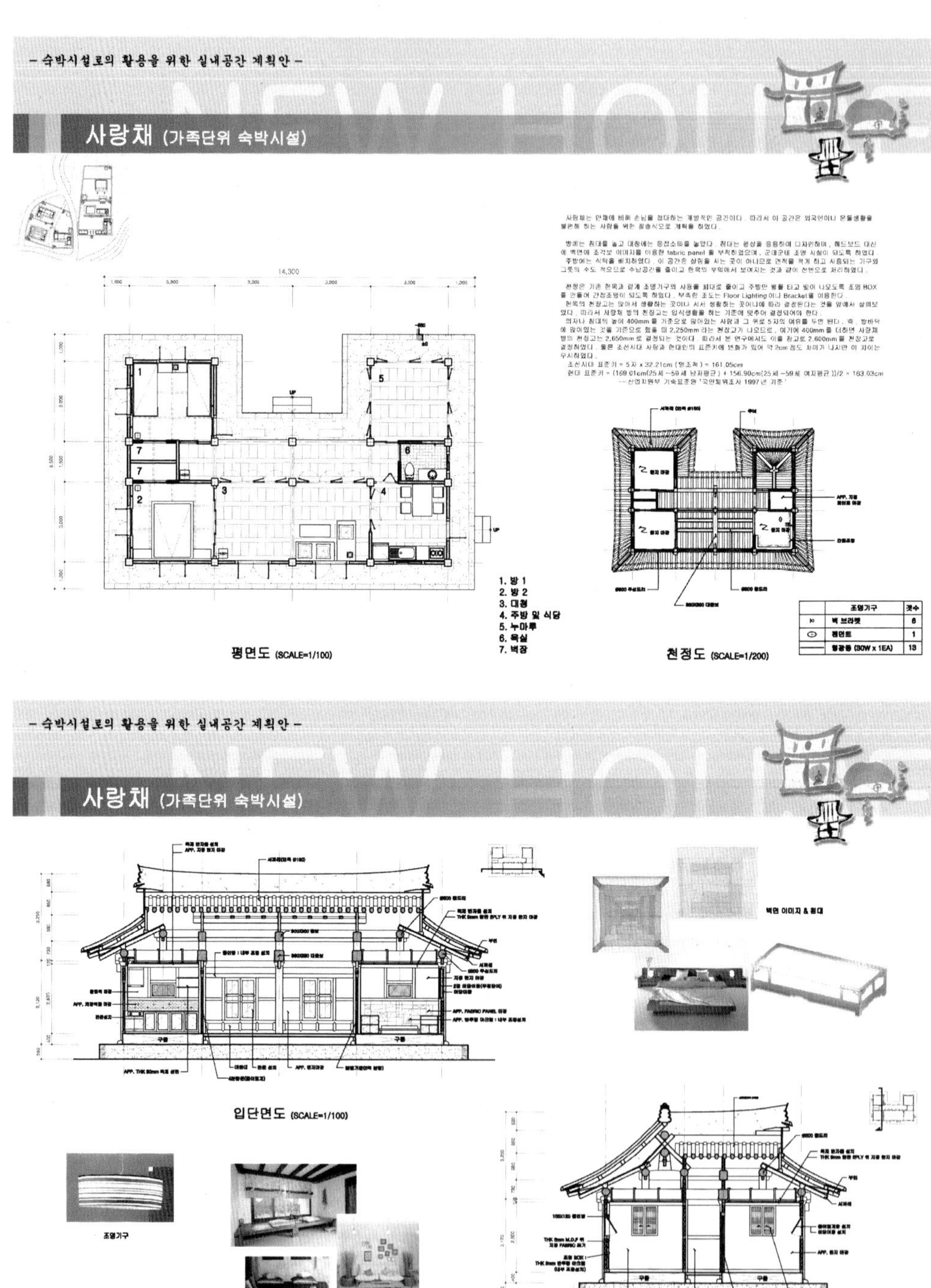

- 숙박시설로의 활용을 위한 실내공간 계획안 -
사랑채 (가족단위 숙박시설)
NEW HOUSE

평면도 (SCALE=1/100)
1. 방 1
2. 방 2
3. 대청
4. 주방 및 식당
5. 누마루
6. 욕실
7. 벽장

천정도 (SCALE=1/200)

- 숙박시설로의 활용을 위한 실내공간 계획안 -
사랑채 (가족단위 숙박시설)
NEW HOUSE

입단면도 (SCALE=1/100)
조명기구
응접실 SOFA

벽면 이미지 & 침대

입단면도 (SCALE=1/100)

- 숙박시설로의 활용을 위한 실내공간 계획안 -

사랑채 (가족단위 숙박시설)

욕실 이미지

1. 대상 건물 및 위치 : 영인산 자연휴양림 입구
   아산향교 (충남 아산시 영인면 643)
   아산현감관사 (충남 아산시 영인면 642)

2. 대지면적 : 3,058 ㎡ – 아산향교 : 2,033 ㎡
   아산현감관사 + 가족 숙박시설 : 1,025 ㎡

3. 건물면적 : 497.10 ㎡ (150.64 PY)

   아산향교 – 외삼문 및 수직사 : 82.96 ㎡ (25.09 PY)
   명륜당 : 35.00 ㎡ (10.61 PY)
   동 재 : 27.89 ㎡ (8.45 PY)
   내삼문 : 8.50 ㎡ (2.78 PY)
   대성전 : 62.26 ㎡ (18.87 PY)
   아산현감관사 : 60.72 ㎡ (18.40 PY)
   사랑채 : 117.85 ㎡ (35.71 PY)
   안채 : 101.92 ㎡ (30.88 PY)

4. 주변 볼거리 : 아산온천 , 온양온천 , 현충사 , 외암리 민속마을 등

제 5 장 결 론

제5장 결 론

　개화기 이후 우리는 급격한 사회변동을 겪어왔으며, 급박하게 변화하는 사회에 맞추어 살던 우리는 여유로움을 가지기 어려웠다. 또한 경제발전과 개발이라는 이름으로 자연을 마구 황폐화 시켰으며, 전통을 도외시하고 서구적인 것을 무조건적으로 받아들여 왔었다.

　그러나 현대를 살아가는 사람들은 자연과 너무 동떨어진 우리의 생활에 지쳐갔고, 심리적인 소외감을 많이 느끼게 되어 과거를 회상하고 그리워하며, 자연을 가까이에서 느끼고자 하는 노력을 많이 하고 있다. 이러한 가운데 우리의 전통에 대한, 전통적인 것에 대한 관심이 점점 높아지고, 현대에 전통을 어떠한 방법으로 활용할 것인가에 대한 논의와 연구가 많아지고 있다.

　본 연구도 한옥이라는 우리나라 고유의 건축물을 어떻게 활용할 것인가에 대한 연구이며, 한옥이 보전될 뿐만 아니라 현재, 지금의 삶에서 더욱 활성화되고 새로 지어지는 건축물이 될 수 있는 방법을 제시하고자 시작하였다.

　한옥은 자연주의사상에 따라 되도록 자연을 훼손하지 않고 조영된다. 우리 민족은 자연주의사상·음양오행사상·풍수사상·유교사상·불교사상 등의 영향으로 자연과 융합을 이루는 조영기법으로 한옥을 지었으며, 북방문화인 구들(온돌)과 남방문화인 마루가 하나의 건물에 같이 존재하는 독특한 구조를 가지고 있다. 또한 비어있는 앞마당과 수목이 있는 뒷마당, 그리고 처마에 의해 자연적인 통풍이 이루어지며, 내부에는 부드러운 빛으로 채광이 되게 한다.

한옥은 구들의 구조적 특성으로 인해 부엌의 바닥이 방보다 2.5~3.0尺 정도 낮추어져 있으며, 경사지를 그대로 이용한 조영기법으로 인해 마당과 기단 그리고 방과 마루의 바닥 높낮이에 차이가 생기고, 각 채별로 위계성이 생기며, 프라이버시가 지켜진다.

내부에서는 인체치수를 모듈로 사용하여 방의 크기와 천장고가 정해진다. 일반적으로 방은 좌식생활을 하는 곳이므로 앉아있는 사람의 눈높이 2.5자에 서 있는 사람 한길을 합한 길이 5자를 합하여 7.5자(2,250㎜)를 천장고로 하며, 대청은 주된 활동이 서서 하는 것이므로 서있는 사람의 키 5자에 사람 한길을 합한 길이 5자를 합하여 10자(3,000㎜)를 천장고로 한다. 개구부의 크기와 위치도 인체치수를 기준으로 결정되는데, 머름대는 약 1.8자의 높이로 조성되는데 이는 사람이 앉아서 자연스럽게 팔을 올릴 수 있는 높이이다.

창호는 들어열개라는 독특한 방식으로 공간을 융통성 있게 사용할 수 있도록 만든다.

한옥의 구성 재료는 모두 자연에서 얻어진 것이며, 허물어 낸다고 해도 다시 자연으로 돌아갈 수 있는 상태로 지금 현재 많은 연구가 이루어지고 있는 생태건축·지속가능한 건축이 바로 한옥인 것이다. 따라서 한옥은 보전되어야 할 충분한 이유를 지니고 있다.

현대의 관광형태가 기존의 경관을 보는 관광에서 벗어나 새로운 문화를 체험하고 경험하며, 이를 통해 새로운 지식을 습득하고자 하는 목적을 지닌 문화관광(Cultural Tourism)의 형태로 변화하고 있다. 새로운 문화를 체험하고자 하는 욕구는 세계가 단일 문화권으로 묶이는 가운데 각 나라의 독특한 문화를 보전하고 더욱 활성화 시켜야 하는 이유가 되며, 우리나라의 독특한 문화이자 건축물인 한옥도 보전되어야 하는 또 하나의 이유가 된다.

현재 우리는 한옥을 음식점·찻집·미술관 등으로 활용하는 사례가 많다. 한옥을 숙박시설로 활용하는 경우는 집주인이 자신의 살림집에 여행객을 맞이하는 민박의 형태로 주로 이루어지는데, 이 경우 서구적인 건축물에 어울리는 가구와 설비들이 아무런 고민 없이 실내에 배치되어 한옥과 전혀 어울리지 않고 한옥의 특성을 제대로 살려내지 못하고 있다.

이와 같은 자료조사와 사례조사를 통하여 나타난 특성과 문제점을 파악하여 온양의 영인산 자연휴양림 입구에 위치한 아산향교와 아산현감관사를 대상으로 한옥을 숙박시설로 활용할 수 있도록 하는 실내공간의 디자인 계획과 이에 따른 색채·가구·조명 방법을 다음과 같이 제시하였다.

1. 아산향교를 대상지로 선정함에 있어서 각 건물의 기존 용도를 그대로 살려 활용하도록 하였으며, 유생들의 숙소였던 동재와 관리인 공간이었던 수직사를 10−25인의 단체나 2−3인의 개별여행자를 위한 숙박시설로 계획하였다. 또한 향교에 있던 관리인 살림집은 아산현감관사로 옮기고, 현감관사 뒤쪽으로는 가족여행객을 위한 숙소로 사랑채와 안채를 새로 계획하여 한옥의 '채나눔' 특성을 이용, 각 건물을 이용하는 단체의 프라이버시를 보장하였다.
2. 단체 또는 개별숙박의 경우는 학생이나 외국인일 경우가 많을 것이므로 한옥의 공간구성을 경험할 수 있도록 계획하였다. 화장실은 독립된 건물로 계획하고 부엌은 기존의 바닥차를 그대로 이용하여 방과 기단 그리고 마당과의 바닥 높낮이 차이를 경험하도록 하며, 이로 인한 입면의 변화를 체험하도록 한다.
3. 가족모임을 위한 안채와 사랑채를 계획함에 있어서는 여행객들이 관리인의 간섭을 받지 않고 자신들의 별장처럼 느낄 수 있도록 하고자 하였다.
   안채는 사랑채보다 폐쇄적이며, 보수적인 성격을 가지고 있다. 따라서 안채는 우리나라 전통방식에 따라 좌식생활을 하는 공간으로 계획하였으며, 사랑채는 안채보다 개방적인 공간으로 외부 손님을 접대하던 곳이었으므로 서구적인 개념을 끌어들여 침대와 응접세트가 놓여지는 입식생활을 기준으로 계획하였다. 안채와 사랑채 모두 화장실과 부엌을 실내에 배치하여 어린아이나 노인을 동반한 가족이라도 사용이 편리하도록 하였다.

4. 조명방법은 기존의 한옥과 같이 주로 Floor Lighting과 Lamp, Bracket을 이용한 간접조명으로 하였으나 조명기구 등은 현대적인 개념이 포함된 디자인으로 계획하였다. 가구의 경우 침대는 평상을 기본으로 하여 디자인하였으며, 소파와 응접테이블도 기존의 것보다 낮게 디자인하여 한옥과 어울리도록 하였다. 특히 욕실에 들어가는 세면대와 부엌의 씽크를 비롯한 여러 설비는 한옥의 실내공간에 어울리는 배치와 디자인을 제시하였다.

5. 한옥에 있어서 색채는 재료에서 나오는 천연색을 그내로 활용하고 있다. 본 연구에서도 마감재를 기존 한옥과 동일하게 하여 주된 색채는 기둥과 같은 구조재에서 나오는 자연적인 색과 벽체와 창호에서 나타나는 한지의 백색, 장판지의 노란색이다. 다만 침대가 놓여지는 벽체는 조각보의 이미지를 응용하여 디자인하였으며 여기에 사용된 색채는 장식적인 포인트가 될 수 있도록 하였다.

또한 조명기구나 응접세트에 놓여질 방석, 안채의 보료, 그리고 욕실에 걸리는 샤워 커튼 등에 사용되는 색채는 장식적인 요소로 활용되도록 하였다.

한옥은 개별 건물도 중요하지만 그 주변의 자연과 주위의 다른 건축물과의 연계성이 더 중요하다고 생각한다. 자연을 되도록 훼손하지 않고 들어서는 건물과 자연을 실내로 끌어들여 하나로 느낄 수 있도록 하는 한옥, 그리고 경사와 담에 의해 형성되는 주변 건물과의 관계성과 자연스럽게 형성된 길 등이 함께 할 때 한옥이 더욱 한옥다운 모습을 가진다고 생각된다.

따라서 한옥을 보전하는 방법으로 개별 건물을 사무실이나 음식점, 갤러리 등으로 사용하는 것보다 하나의 단지를 계획하는 것이 필요하다.

본 연구에서는 한옥을 '채나눔'의 특성을 이용하여 가족이나 소규모 동아리 모임을 위한 숙박시설로 활용하기 위한 실내공간을 제시하였다. 전통과 현대의 조화라는 어려운 과제에 본 연구는 하나의 시도이며, 한옥을 보전하고 한옥마을을 활성화시키는데 도움이 되었으면 한다. 또한 앞으로는 외국의 'PIC'와 같은 리조트 타운이나 호텔단지 등으로의 활용을 위한 한옥단지나 한옥마을 활용과 계획에 관한 연구도 진행되었으면 한다.

■■■ 참고문헌 ■■■

■ 학위논문

강명주, "남산골 한옥마을의 문화관광자원성에 관한 연구", 경희대학교 경영대학원 석사학위논문, 1999

강민수, "주거실내계획에서 전통성 적용에 관한 분석적 연구", 중앙대학교 건설대학원 석사논문, 1994

김민경, "한국전통주거건축에 나타나는 생태학적 특성에 관한 연구", 경상대학교 대학원, 석사학위논문, 2001

김삼능, "생태적 접근방법에 의한 전통주거 분석과 응용에 관한 연구", 건국대학교 대학원 석사학위 논문, 1992

김정규, "한국 전통주택의 형태에 관한 연구", 인하대학교 대학원 석사학위 논문, 1989

김정신, "한국 전통건축 색채의장의 특성에 관한 연구", 서울대학교 대학원, 석사학위 논문, 1979

김준연, "전통사상으로 비추어 본 한국건축표현에 관한 연구", 전남대학교 대학원 석사학위 논문, 1989

박명원, "한국인의 색채의식 및 색채교육 연구", 성균관대학교 대학원 박사학위 논문, 2001

서민우, "전통 실내공간에서 인체와 가구의 상관관계에 관한 연구", 국민대학교 디자인대학원, 석사학위 논문, 1999

서정원, "한국 경관과의 조화를 위한 건축색채 계획에 관한 연구", 충남대학교 대학원 박사학위 논문, 1998

성재중, "조선시대 상류주택의 마당구성과 재현에 관한 연구", 금오공과대학교 산업대학원 석사학위 논문, 1998

소재구, "한국의 전통색과 신세대 생활문화에 나타난 색채이미지 비교연구", 홍익대학교 산업미술대학원 석사학위 논문, 1995

신인호, "한국 전통 주택의 실내색채 구성방법에 관한 연구", 연세대학교 대학원 석사학위 논문, 1998

오정환, "호텔경영의 변천과정에 관한 국제비교 연구", 단국대학교 대학원 박사학위 논문, 1991

오충섭, "외래관광객 유치를 위한 민박활성화 방안에 관한 연구", 연세대학교 경영대학원 석사학위 논문, 1998

윤일이, "한국전통주거에 있어서 부엌의 배연구조에 관한 연구", 부산대학교 대학원 석사학위 논문, 1995

이광진, "한국 전통민속축제의 관광활성화에 관한 연구", 한양대학교 대학원 박사학위논문, 1994

이동진, "우리나라 숙박시설의 변천에 관한 연구", 세종대학교 경영대학원 석사학위논문, 1992

이명신, "한국전통주거에서의 다양한 바닥높낮이에 관한 연구", 단국대학교 대학원 석사학위 논문, 1997

이영진, "한국 전통주택에 사용된 재료의 색채특성에 관한 연구", 연세대학교 대학원 석사학위 논문, 2000

장서희, "민박의 관광상품화 방안", 한양대학교 대학원 석사학위 논문, 2000

정재곤, "근세조선의 누정문화 이해를 위한 프로그램 개발-소쇄원과 인근 누정을 중심으로-", 한국교원대학교 교육대학원 석사학위 논문, 2001

최경숙, "한옥의 건축의장요소가 현대주택입면계획에 미치는 영향에 관한 연구", 인덕전문대학

최상헌, "조선상류주택 내부공간과 인체치수와의 상관성에 관한 연구", 서울대학교 대학원 박사학위논문, 1992

■ **학회논문**

김진식·채용식, "한국 향토문화제에 대한 상품화 방안", 「지방자치 경영연구」, 1995 겨울 제1권 제2호

김형대, "실내디자인의 한국전통표현에 관한 연구", 「실내디자인」6권, 1995

박영순·전정윤, "조선조 가구에 나타난 의장요소의 분석", 「대한가정학회지」 제29권 2호, 1991

박영원, "한국의 문화적 특성과 미의식을 배경으로 한 한국적 색채에 관한 연구",

「청주대학교 청예논총」12, 1997년 10월

박효철, "조선후기 상류주택 실내색채의 상징적 의미와 색채조화에 관한 연구", 「한국실내디자인학회 학회지」 20호, 1999년 9월호

배만실, "한국전통색채론", 「이화여대논총(예능)」, 51호, 1986년 12월

이경희, "자연 환경 조절 측면에서 본 한국 전통 주거의 환경 특성", 「대한건축학회지」 30권 3호, 1986

이신호·송창섭·오무영, "전통 흙집 벽 재료의 특성 분석", 「한국농공학회지 제43권 제1호」, 충북대학교 농과대학, 2001년 1월

이응희·이중우, "동양사상의 중심성을 통하여 본 전통주택의 마당 공간에 관한 연구", 「대한건축학회논문집」, 11권 5호 통권 79호 1995년 5월

우경국, "조선시대 주택마당에 관한 연구", 「환경과 조경」, 1985

연제진 외 4인, "한옥의 건축의장 요소가 현대주택입면계획에 미치는 영향에 관한 연구(1)", 「대한건축학회논문집」 6권 3호 통권29호, 1990

연제진·최경숙, "서울시 한옥지구내 건축물의 특성 및 보전방향에 관한 연구", 「대한건축학회논문집」3권 4호 통권12호, 1987

정용재, "조선시대 안방 가구의 조형적 특성에 관한 연구", 「한양여자대학교 논문집(예·체능·자연과학편)」24, 2001년 2월

정유나, "한국 전통 건축공간의 사용색채 특성에 관한 연구", 「디자인연구」 제2호, 상명여자대학교, 1994년 8월

조성기, "한국 전통주택의 안마당에 관한 연구", 「대한건축학회 논문집」 11권 1호, 통권 75호, 1995, 1월호

조성기, "한국민가에 있어서 안마당의 성격", 「한국주거학회 학술발표대회논문집」 제2권, 1991

조정식, "마당의 어의와 초월적 특성에 관한 연구", 「대한건축학회논문집」, 12권 2호 통권 88호, 1996, 2월호

최상헌·지영수, "한국 호텔 공용공간 실내디자인의 전통성 수용특성에 관한 연구", 「중앙대학교 환경과학연구 제 7집」, 중앙대학교, 1996

한경희·김자경, "자연성에 근거한 전통주거건축의 생태학적 특성과 적용에 관한 연구", 「한국실내디자인학회 학회지」 25호, 2000년 12월

한경희, "한국현대가구에 있어서 전통성에 입각한 한국적 이미지의 적용과 방법론에 관한 연구", 「한국실내디자인학회 학회지」13호, 1997년 12월

■ 단행본

김도희, 「환경적으로 지속 가능한 관광개발」, 한국관광공사, 1997
문화관광부, 「2001 관광동향에 관한 연차보고서」, 문화관광부, 2001
문화관광부, 「관광비전 21 (관광진흥 5개년 계획)」, 문화관광부, 1999
민병현, 「한국정원문화-시원과 변천사」, 예경문화사, 1991
배만실, 「한국목가구의 전통양식」한국문화연구원 한국문화총서 24, 이화여자대학
　　　교 출판부, 1988
박언곤, 「한국의 정자」, 대원사, 1989
박영순 외, 「우리 옛집 이야기」, 열화당, 1998
신영훈, 「우리가 정말 알아야 할 우리 한옥」, 현암사, 2000
안종륜 편저, 「관광용어사전」, 법문사, 1985
이종석, 「한국의 목공예」, 열화당, 1986
이어령, 「한국인의 손, 한국인의 마음」, 도서출판 디자인하우스, 2000
이호진, 「건축의장론」, 산업도서, 1986
임병섭편저, 「문경군지」, 1982
전영선, "홈스테이 여행상품의 운영실태와 문제점", 「외국인 대상 민박사업 활성
　　　화를 위한 심포지움」, 한국관광공사, 1998
주남철, 「한국 건축의장」, 일지사, 1979
주남철, 「한국주택건축」, 일지사, 1980
한국관광공사, 「2001년 외래관광객 실태조사」, 한국관광공사, 2001
Amos Rapoport, 이규목 역, 「주거의 형태와 문화」, 열화당, 1985

■ 인터넷

http://user.dankook.ac.kr/~gudul/gudul/gudul.htm-단대 주거건축문화연구실
http://www.hanok.org-신영훈 목수의 한옥문화원 홈페이지
http://www.donga.com/travel/sleep/sleep025.html-지례예술촌 소개
http://www.chirye.com/-지례예술촌 홈페이지
http://www.suaedang.co.kr-수애당 홈페이지
http://www.samcheonggak.or.kr-삼청각 홈페이지
http://www.koreahouse.or.kr-한국의 집 홈페이지

http://www.archilaw.org - 윤혁경의 건축법 해설
http://hanok.seoul.go.kr/ - 북촌 한옥마을
http://www.bukchon.net - 북촌 네트워크 홈페이지
http://www.cyberinsadong.com - 인사동 소개
http://www.sdi.re.kr/insadong/build.htm - 인사동 이야기
http://www.women.or.kr/culture/index.html - 한국의 전통생활 소개
http://korea.insights.co.kr/ - 한국 전통문화 소개
http://www.deungjan.or.kr - 한국등잔박물관 홈페이지
http://www.kwandong.ac.kr/~chows/prof/chows/floor.html
 - 한국전통건축의 내부공간 바닥 구조
http://mwus.mokwon.ac.kr/~leewk/main.html - 이왕기 교수 연구실 홈페이지
http://www.axisoft.co.kr/qtvr/khmain.htm - 한국전통가옥
http://www.haerasia.com/ - 해라시아 문화 연구소 홈페이지
http://www.a21.co.kr/goarch/study/struc/ju01.htm - 한국의 주거 건축 소개
http://myhome.cjdream.net/taijigenius/main.htm - 한국의 전통부엌
http://www.women.or.kr/culture/index.html - 한국의 전통생활 소개
http://www.mfj.co.kr/furniture_life/0011.html - 전통가구 소개
http://www.homeliving.co.kr/ - 행복이 가득한 집 홈페이지
http://www.jutech.co.kr - 주택저널 홈페이지
http://chonhyang.com - 전통문화 동호회 천년의 향기 홈페이지
http://www.koreacolor.net/ - 문은배 색채디자인 홈페이지
http://colordesign.ewha.ac.kr/ - 이화여자대학교 색채디자인연구소 홈페이지
http://www.kcri.or.kr/ - 한국색채연구소 홈페이지
http://www.iridesign.co.kr - IRI 색채디자인 홈페이지
http://www.ocp.go.kr/ - 문화재청 홈페이지
http://www.mct.go.kr/uw3/dispatcher/index_ko.html - 문화관광부 홈페이지
http://www.fpcp.or.kr/ - 한국문화재보호재단 홈페이지
http://www.travelkorea.or.kr/Korean/index.html - 한국관광공사 홈페이지
http://www.ktri.re.kr/ - 한국관광연구원 홈페이지
http://www.metro.seoul.kr/intro01.html - 서울시 홈페이지
http://www.asan.chungnam.kr/ - 아산시청 홈페이지
http://www.tour123.co.kr/tour/area/cn/hyuyang/younginsan.htm - 영인산자연휴양림 소개

http://www.world-tourism.org-세계관광기구 홈페이지
http://www.holiday-rentals.co.uk-유럽의 숙박시설 소개·예약 가능
http://www.relaischateaux.com-유럽의 숙박시설 소개·예약 가능
http://www.franceguide.or.kr-프랑스 관광성 서울 사무소 홈페이지
http://www.jnto.go.jp-일본국제관광진흥회 홈페이지
http://www.britannica.co.kr-브리태니커 사전 홈페이지
http://www.briottieres.com-Chateau briottieres 의 홈페이지
http://www.irori-sosuke.com-일본 민숙 'sosuke'의 홈페이지
http://www.goshobo.co.jp/-일본 고쇼보 여관 홈페이지
http://www.arima-onsen.com/-일본 아리마 온천 홈페이지
http://www.skynews.co.kr/skynews_main/travel/place/place_026.htm-프랑스 호텔 소개

이지연
....

현) 건축사 사무소 오름, 설계실, 이사
현) 인하공업전문대학, 실내건축과, 외래강사
현) 홍익대학교 건축학과 박사과정 재학中

홍익대학교 건축도시대학원 졸업
서울산업대학교 건축설계과 졸업

▶ 주요경력
서울직업전문학교 실내디자인 전공교수
경문직업전문학교 실내디자인 외래교수
신원종합건설(주) 본사 주택사업부
주목디자인(주) 인테리어 설계실

김주아
....

현) 희가디자인그룹, 설계실, 차장

홍익대학교 건축도시대학원 졸업
성심여자대학교 가정관리학과 졸업

숙박시설로의 활용을 위한 실내공간 계획안

한옥의 보전을 통한
문화관광자원으로서의 활용

- 초판 인쇄   2007년 1월 5일
- 초판 발행   2007년 1월 5일

- 지 은 이   이지연·김주아
- 펴 낸 이   채종준
- 펴 낸 곳   한국학술정보㈜
            경기도 파주시 교하읍 문발리 526-2
            파주출판문화정보산업단지
            전화   031) 908-3181(대표) · 팩스   031) 908-3189
            홈페이지 http://www.kstudy.com
            e-mail(출판사업팀사업부)   publish@kstudy.com
- 등   록   제일산-115호(2000. 6. 19)
- 가   격   19,000원

ISBN   978-89-534-6571-8 93540 (Paper Book)
          978-89-534-6572-5 98540 (e-Book)